属性基加密的隐私保护
与用户行为信任研究

田　野◎著

SHUXINGJI JIAMI DE YINSI BAOHU YU
YONGHU XINGWEI XINREN YANJIU

知识产权出版社
全国百佳图书出版单位
—北京—

图书在版编目（CIP）数据

属性基加密的隐私保护与用户行为信任研究/田野著. —北京：
知识产权出版社，2021.11

ISBN 978-7-5130-7754-5

Ⅰ.①属… Ⅱ.①田… Ⅲ.①加密技术-研究 Ⅳ.①TP309.7

中国版本图书馆 CIP 数据核字（2021）第 204175 号

内容提要

随着大数据时代的来临，数据安全已成为重要需求，特别是对于隐私保护要求较高的数据，用户访问必须经过授权。本书从静态和动态两个方面围绕属性基加密和用户行为信任评估对数据的访问展开研究，主要内容有属性基加密方法及细粒度的访问控制、外包数据的加密、分层次的属性基加密检索方法及用户行为信任评估。

本书涉及多个学科前沿，可以作为计算机、信息工程专业高年级本科、研究生的参考书，也可以作为信息安全领域广大科技工作者的参考书。

责任编辑：徐　凡　　　　　　　　**责任印制：孙婷婷**

属性基加密的隐私保护与用户行为信任研究

田　野　著

出版发行：知识产权出版社有限责任公司	网　　址：http://www.ipph.cn
电　　话：010 - 82004826	http://www.laichushu.com
社　　址：北京市海淀区气象路 50 号院	邮　　编：100081
责编电话：010 - 82000860 转 8763	责编邮箱：laichushu@ cnipr.com
发行电话：010 - 82000860 转 8101	发行传真：010 - 82000893
印　　刷：北京中献拓方科技发展有限公司	经　　销：新华书店、各大网上书店及相关专业书店
开　　本：720mm×1000mm　1/16	印　　张：8
版　　次：2021 年 11 月第 1 版	印　　次：2021 年 11 月第 1 次印刷
字　　数：130 千字	定　　价：48.00 元

ISBN 978-7-5130-7754-5

前　言

　　属性基加密技术已应用到信息安全的各个领域，如访问控制、数据外包、加密检索等。用户访问网络的各种行为，包括时空行为、流量行为和需求行为，是影响数据隐私保护的一大因素。在许多行业，如金融、医疗、保险等，数据是需要受到保护的，特别是医疗数据，具有较高的隐私保护要求。作为一种新兴的电子医疗技术，无线体域网（WBANs）在病情监测中起到重要作用，提高了医疗水平和效率。在用户访问医疗数据的过程中，必须考虑以下四个问题：第一，无线体域网存储的医疗数据涉及患者的隐私，用户经密钥授权访问，KP-ABE实现了细粒度的访问控制，然而，在WBANs资源受限环境下必须解决用户属性的动态性及能量消耗问题；第二，随着医疗数据的增加及访问树的复杂化，密文长度增大、加密解密效率降低，外包服务可以减轻本地存储与计算负担，然而，外包服务并不完全可信，在有效利用外包服务的同时，要做到保护患者隐私性；第三，数据加密后存放于外包环境，当用户需要检索这些数据时，无法按照传统的明文检索方法进行检索操作，如何对加密的数据实行有效且安全的检索成为一个新的挑战；第四，从用户行为方面考虑，对用户行为进行信任评估可以从动态方面确保数据的安全共享和访问，要根据用户的历史行为对其进行信任评估以提高预测的准确性。本书对数据的访问从静态和动态两个方面围绕ABE和用户行为信任评估展开研究，所取得的研究成果主要包括以下四个方面。

1. 提出支持用户撤销的 ABE 方案

　　针对在WBANs资源受限环境下，用户对医疗数据访问产生的用户撤销及能耗问题，提出一种支持用户撤销的ABE方案。ABE是一种"一对多"

的加密方式，特别适合医疗数据细粒度的访问控制。由患者决定访问数据的用户，丰富了访问树的类型。拓展 KP-ABE 方案加入用户撤销机制，解决了用户属性动态性问题。本方案的理论分析与原型验证结果表明，方案在具备机密性、不可伪造性及抵御合谋攻击的同时，提高了加密解密效率，节省了存储空间，降低了能耗。

2. 提出支持安全外包数据的 ABE 方案

针对如何在外包环境保证医疗数据隐私性的问题，提出一种支持安全外包数据的 ABE 方案。与已有方法相比，本方案具有以下优点：第一，对医疗数据分类，细化了用户访问的数据；第二，将访问树分为两部分管理，即外包部分和本地部分；第三，拓展了 CP-ABE 方案，分类的数据分别加密。本方案的理论分析和原型验证结果表明，与现有方案相比，本方案在增强用户访问隐私性、机密性、抵抗合谋攻击和选择密文攻击的同时，减轻了终端存储和计算负担，提高了加密解密的效率。

3. 提出分层的可加密检索方案

访问医疗数据的用户必须严格限制为授权用户，防止因非授权用户访问而泄露患者隐私。由于云平台具有"半可信"的特点，为了减轻对外包服务器的安全性依赖，通常采用的方法是将数据加密后上传云平台。然而，如何高效并安全地对加密后数据进行检索便成为亟待解决的问题。本书将访问树分为不同组成部分，当用户满足某一分支的属性时，即可得到用该分支属性加密的密文关键字索引，从而避免对整个访问树进行解密操作，提高了检索效率。

4. 提出用户行为信任评估算法

针对开放环境下提高用户行为预测准确性的问题，提出一种用户行为信任动态多维度量算法。本算法采用集值统计来计算用户行为信任值，与已有方法相比具有以下两个优点：第一，证据的收集在用户行为过程中进行，改变了以往对行为结果进行评判的方法；第二，行为数据值由"单点"扩大为值域，反映了行为证据的长期情况，使评估结果不会随着用户某一时刻证据值的变化而产生误差，充分体现数据的意义。本算法通过对用户的行为数据建立层次模型来反映用户总体可信度与行为数据间的逻辑关系，引入集值统计度量算法计算用户行为预测值，并根据可信级别判定可疑用户。仿真实验结果表明，本算法提高了用户行为预测的准确性，降低了异常用户的漏报率及正常用户的误报率。

　　本书可作为计算机、电子信息工程等专业高年级本科生和研究生的参考书，也可作为信息安全领域广大科技工作者的参考书籍。由于作者水平有限，书中不当之处请读者不吝赐教。

主要符号说明

本书所采用的符号	含 义
PK	公钥
MK	主密钥
M	明文
$\lvert M \rvert$	明文长度
CT	密文
DK	解密密钥
G_1	双线性群
G_T	双线性群
p	一个素数
g	G_1 的生成元
e	双线性映射
T	访问树
T_r	根为 r 的访问树
T_x	根为 x 的一棵子树
num_x	结点 x 的子结点数量
k_x	结点 x 的阈值
$\mathrm{att}(x)$	结点 x 的相关属性
ATT	属性集合
a_i	属性
$\widetilde{tt}$	时间
A_{att}	属性数目
n	用户具有的属性数目

A_c	密文中包含的属性数目
E	幂操作
A_{PA}	患者管理的属性数目
A_{OA}	外包服务器管理的属性数目
CL_1	G_1 或 G_T 中一个元素的长度
CL_P	访问树的长度
CL_T	阈结点数目
N_o	系统中数据所有者的数目
N_{user}	系统中用户的数目
t_c	在密文 CT 中出现的属性总数
n_u	在用户 u 的密钥中出现的属性总数
T_{att}	访问树属性数目
n_i	用户 U_i 具有的属性数目
ME	用户行为度量值
$|R|$	接收密文的用户数

目　录

第1章 绪 论

隐私保护是对敏感数据处理的重要要求，访问控制是保证数据安全的基本手段，加密是实现访问控制的有效方法，加密检索实现了数据的安全访问，用户行为信任评估是安全访问的前提。属性基加密[1]是一种新的访问控制方式，被应用于信息安全的各个领域，如访问控制、加密检索等。用户访问网络的各种行为，包括时空行为、流量行为和需求行为，是影响数据隐私保护的一大因素。在大数据和互联网中，用户行为还被应用于推荐系统。

随着云计算的大规模发展，人们享受其众多益处，如按需分配、即时访问、降低成本等，越来越多的公司或个人愿意将大数据文件上传至云服务器，由云服务器集中管理。云存储是在云计算的基础上发展起来的一种新兴的网络存储技术。云计算可视为"X即服务"（XaaS），X可以是软件、硬件、数据存储等，云服务提供商可按用户的需求"量身定做"，提供相应的云服务，系统允许用户将大数据文件上传至云，由云进行存储和保管。对用户而言，利用云存储可以集中精力开展核心业务，将存储的各种维护、管理交给云，提高了效率，降低了成本。然而，云存储本身具有的特性会带来安全隐患，进而引发数据隐私暴露问题。特别是，当用户的敏感数据交给云保存后，数据的安全和隐私问题成为亟待解决的问题之一[2]。例如，2018年1月，谷歌云计算引擎停运导致服务器无法正常运行；2019年，Facebook诸多用户的重要信息遭泄露。故而，保护云存储系统中的数据安全极其重要。对用户来说，云并不完全可信，特别是健康、金融、保险等领域，当存储的数据涉及隐私，则需保证数据的安全性。为了保证其安全性，通常采用的方法是数据加密，当用户需要访问或检索这些数据时，如何进行细粒度的访问控制以及如何对加密后的数据进行检索是需要解决的问题。许多学者提出了不同方法来解决以上问题，但大部分复杂度较高，与实际应用要求相差甚远。本章首先阐述属性基加密（Attribute-based Encryption，ABE）和用户行为信任的研究背景和意义，然后介绍了本书的研究内容和创新点，最后总结了全书的组织结构和内容安排。

1.1　背景和意义

随着可穿戴医疗传感器及无线通信技术的发展，无线体域网（Wireless Body Area Networks，WBANs)[3-5] 逐渐成为一种新兴的电子医疗技术，在医疗应用中发挥了重要作用。通过轻量级、体积小、低功耗且具有智能功能的传感器，人体的健康状态、活动及周围环境可以得到远程、持续、实时地监测，并且这些医疗数据还可以通过网络进行远程存储、访问或检索。用于监测人体健康状态的无线传感器产品已处于开发并使用阶段[6-7]，例如，心率监测器、血压监测及内窥镜已经在医疗中使用。不同于普通的传感器网络，医疗应用环境下的 WBANs 对安全和隐私有更为严格的要求，信息不被窃听、不被恶意修改及不被未授权的用户访问等安全需求至关重要。

1.1.1　研究背景

近年来，WBANs 受到了广大学者的关注并应用在医疗领域中（如健康监控、医疗及紧急反应系统），极大地提高了健康服务的效率。WBANs 以文字、声音及可视的形式实时并长期监测患者健康状态，健康监测可以为患者提供长期的健康状态和周围环境的监控，例如，慢性病患者、老年人及行动不便者可以采用家庭监控以避免频繁住院[8]。电子医疗监测系统在提高诊断质量方面表现出巨大潜力。例如，其可以将医疗看护系统从医院移到病人住所，这有助于降低医疗费用并解决老龄化社会中医疗看护的问题，即在日常生活中，患者可以随时随地监测自己的健康状况、及时发现病情并做出预处理，然后将数据传送到远程数据库，以避免到医院检查的麻烦[9]。医护人员通过实时、持续的监测给予患者指导，为患者提供方便，赢得宝贵的抢救时间。另外，安全通信是可信医疗看护系统的必要组成部分，由 WBANs 得到的医疗数据可用于医疗研究及病情诊断[10]，病人的医疗数据应具备安全性和隐私性要求，近些年发生的一些医疗信息泄露事件更表明了安全的重要性。例如，2015 年，黑客攻击 Premera Blue Cross，造成医疗数据信息泄露，涉及 1100 万人的信息[11]。2015 年 2 月，黑客盗取了美国第二大医疗保险公司 Anthem 超过 8000 万份的客户个人信息（包括客户家庭住址、生日、社保号和个人收入），成为美国有史以来最严重的医疗信息泄露事件[12]。2016 年，我国发生了 30 个省份至少 275 位艾滋病感染者个人信息泄露的事件，该事件中，犯罪分子能准确地描述出患者的各种信息，并进行诈骗活动。[13] 由于医疗数据高度敏感，考虑其社会、伦理及法律方面的要求，必须合理地管理来保证患者隐私。美国健康和人类服务部的民权办公室发布的统计数据表明，2009—2018 年，美国共发生了 2546 起泄露 500 份以上记录的医疗健康数据泄露事件，1.8 亿多份医疗健康记录被窃取或公开，涉及人口超过美国人口 59%[14]。

由于医疗数据包含患者的各种生理数据及位置等信息，如果攻击者对数据窃听或篡改，可能会对患者造成误诊；如果犯罪分子追踪到患者的位置信息则会威胁到患者的生命安全；如果数据被保险公司窃取，会引起患者的医疗保险问题。另外，患者的数据在 WBANs 通常以无线方式传输，而外包服务的开放性及动态性又使得数据极易丢失。因此，缺乏足够的安全属性会导致患者隐私的泄露，篡改数据会导致错误的诊断及治疗，甚至危及患者的安全。同时，另一个不可忽视的问题是用户隐私性。访问医疗数据的用户必须严格限制为授权用户，以防止非授权用户访问数据而泄露患者隐私[15]。例如，非授权用户窃取患者敏感疾病信息并公布在社交网，会造成患者隐私暴露，影响患者工作或医疗保险保障。

1.1.2 研究意义

近年来，WBANs 的研究受到学者们的关注并成为一个研究热点。WBANs 首先由达姆（Dam）等提出[16]，接着，不同的学者分别从监控人体活动、健康状况及通信等方面做出研究[6-7][17]。WBANs 由穿戴在人体上或植入人体内部的体积小的智能设备组成[18]，这些设备能对人体体征进行持续监测并实时反馈，监测过程中可以长时间记录数据，提高了测量的质量，为患者及用户做出正确响应提供保障。

一个典型的WBANs包括可穿戴及可移植入人体内的传感器或执行器及一个个人控制中心（Personal Control Center，PCC）[19]。传感器用于测量人体的生理参数（如血压、血糖、心电图、脑电图等）及周围环境的参数（如温度、湿度、位置等）。执行器根据从传感器收到的数据执行相应操作，例如，在监测血糖的过程中，当传感器监测到血糖降低时，信号便传到执行器开始胰岛素的注射。PCC分析传感器收集的数据，向执行器发出执行指令并负责与用户交互，对于医疗欠发达地区，PCC可以将患者的监测数据传到远程，远程医生对患者或家属进行指导性治疗，节约抢救时间及医疗资源。对于慢性病患者，各项体征数据可以传送到远程，患者不必住院，医生就可以给予远程指导，减轻了患者的负担。

美国商务网站将安全定义为建立不被恶意行为及其影响侵犯的安全措施并保持该状态。传感器网络本身的开放性及动态性使得数据易于被窃听或修改，其结果会对人体产生严重后果，例如，错误的剂量、处置过程的不当、追踪位置等，甚至引起生命安全问题。WBANs中的医疗数据与患者隐私息息相关，其重要性不言而喻。许多学者就电子医疗监测应用领域中的隐私和安全问题展开的研究，将在后续章节中详细论述。

数据安全性及隐私性是WBANs安全两个不可缺少的组成部分。本书中，安全性表示数据可以安全存储并传输；隐私性表示数据仅能被授权用户访问并使用。如何确保医疗数据在存储、传输、访问过程的安全是一个重要问题。

目前，关于WBANs安全与隐私保护方法可以分为以下两类。

（1）利用生理数据作为密钥。文献［20］［21］［22］将人体生理信号（如Inter-pulse Intervals，IPI）作为密钥来加密要传输的数据，当解密端需要解密时，必须持有相同的密钥。人体生理属性的差异确保了密钥的唯一性，保证了数据安全解密。人体生理信号的易测性使该方法得以应用，但是也存在缺点，一旦攻击者得到该用户的体征数据，他便能够解密所有用该数据加密的数据，对用户造成极大的安全威胁并引起隐私泄露问题。

（2）数据存储保护及访问控制。访问控制的目的是通过限制用户对数据信息的访问能力及范围，保证信息资源不被非法用户使用和访问[23]。属性基加密适合细粒度访问控制系统的要求。数据外包为数据存储及计算提供了平台，将数据外包到第三方，可以极大地减轻 WBANs 的负担。这两部分的内容将在 3.2 及 4.2 节中详细论述。

WBANs 为医疗应用带来便利的同时，其安全性也不容忽视。相较其他应用而言，医疗数据还包括患者敏感医疗数据，其与患者隐私性相关，所以患者个人医疗数据的隐私保护要求更加严格[24]。因此，必须保证患者医疗数据的机密性，同时医生等医疗职业人员必须经密钥授权访问。另外，密钥由患者生成并授权给相应用户。那么，如何为不同的用户分配不同权限，哪些用户访问医疗数据的哪一部分，即如何实现细粒度的访问控制，是需要解决的问题。例如，医生具有病人全部信息的访问权，保险公司仅能访问其个人信息，科研人员可以访问病史。当用户被撤销时，将会失去解密的能力，例如，医护人员的变更或发现某些恶意用户，而非撤销的用户仍具有合法解密能力。为了保证数据的机密性，通常的方法是对数据加密，并且密钥仅对授权用户公开，未授权的用户无法解密。这种方式虽然可以提供安全的数据访问控制，但是随着用户数量的增加，密钥管理成为一大负担，而患者也必须随时在线为新用户分配密钥。在 WBANs 资源受限的环境下，设计的安全机制要求是轻量级的，公钥和私钥加密这种"一对一"的加密方式由于其低效而不适用，因为一旦用户撤销，其他用户都将受到影响，数据需要重新加密。不同于传统的加密，ABE 是一种"一对多"的加密方法，即加密后的文件可以被多个用户访问，有效避免因为用户数量巨大而造成的效率低下问题。另外，ABE 根据用户属性加密，用户属性的不同，保证了不同用户访问不同的医疗数据，加密方法更加灵活。因此，加密医疗数据的同时，系统如何提供合理的访问控制机制及如何撤销非法用户是具有挑战性的问题。

为了解决 WBANs 资源受限的问题，可以将医疗数据的计算和存储转移到外包服务完成，由外包服务为用户提供访问资源[25]。然而，外包服务器并不完全被信任，且更易遭到内部和外部恶意攻击，直接将敏感数据处于外包服务器的控制下，患者个人健康记录会面临泄露、修改、删除等威胁，无法保障患者的隐私。另外，用户的移动终端设备通常资源受限，解密数据则需要花费巨大的存储和计算资源。所以，对于患者医疗数据的隐私保护问题，通常采用的方法是在数据外包前加密，以减轻对外包服务器的安全性依赖。现有的外包方案大都基于公钥全同态加密技术，然而，计算过程则需要巨大开销且无法实现细粒度的访问控制，ABE 虽然可以实现不同用户访问不同数据，但是，计算的负担在 WBANs 环境下仍然巨大。如何有效地减轻本地负担成为一个亟待解决的问题。采用将数据存储于外包环境方式，并且将访问树分为两部分，一部分由患者管理，另一部分由外包服务器管理，既可以节约本地存储空间及计算资源，又保证数据不完全被外包服务器控制，在加强安全性的同时，合理利用了外包资源。

外包服务的大规模发展使得用户处于一种开放、分布式的环境，用户可以更多地进行资源共享和交互协作。传统的安全机制例如身份认证、访问控制可以解决用户的静态管理问题，但不能解决用户的动态行为可信问题，而提前对用户进行信任筛选，及时发现异常用户是系统安全运行的可靠保证。当用户访问医疗数据时，可以取得合法的身份登录访问，然而，他的行为却有可能是不可信的，例如，用户频繁访问某位患者的医疗数据时，表明该用户存在风险。如何根据用户的历史行为决定用户的可信等级是动态信任管理面临的一个问题。目前已有的方法存在以下两个问题：第一，对用户进行评价的依据往往是用户行为所产生的结果，而忽略了对用户行为过程中行为证据的分析；第二，各种证据值唯一确定，某个时间获取的证据值是"单点"的，往往不能反映证据的长期情况，极易导致评估结果随用户行为的变化而产生误差。本书采用的集值统计度量方法克服了以上缺点，为提前发现异常用户及动态访问控制提供基础。

1.2　主要内容

1.2.1　研究内容

电子医疗为人类带来便利，同时其安全性也不容忽视。例如，用户如何在 WBANs 环境下安全地访问医疗数据，如何在外包服务器中安全存储医疗数据并保证授权用户安全访问，如何对已加密的数据进行安全检索，如何评判访问数据的用户是否可信。国内外学者针对上述问题从不同方面展开研究，具体内容详见 3.2、4.2、5.2 和 6.2 节。

本书针对数据的 ABE 及用户行为信任评估等问题展开深入研究，研究的内容主要包括以下几个方面。

1. 支持用户撤销的 ABE

对 ABE 进行深入研究和分析，分别论述密钥策略及密文策略的 ABE 这两种加密方法。针对传统的属性加密没有用户撤销功能的缺点，设计了一种支持用户撤销的密钥策略的 ABE 访问控制模型——KAERS，改进了加密算法，并对算法从正确性、安全性、存储空间及能耗方面做了详细分析，原型验证结果表明本书方案可以提高加密解密的效率。

2. 数据外包环境 ABE

数据存储于外包环境会引起数据泄露，导致隐私暴露问题。以医疗数据为例，首先对其分类，以便于对不同数据采用不同访问策略进行加密；其次，将访问树分为两部分，分别由数据所有者和数据外包服务器管理，既可以节约本地存储空间及计算资源，又保证数据不完全被第三方控制，在加强安全性的同时，充分利用了数据外包资源；再次，考虑了紧急情况发生时，急救人员可以向可信中心获得临时密钥来访问数据，保证用户可以在第一时间得到有效救治；最后从正确性、安全性及存储代价等方面对方案进行评价，并对方案做原型验证。

3. 数据可检索加密

由于云平台具有"半可信"的特点，为了减轻对外包服务器的安全性依赖，通常采用的方法是将数据加密后上传云平台，然而，如何高效并安全地对加密后的数据进行检索便成为亟待解决的问题。由于云服务器上储存的数据是密文数据，用户无法按照传统的明文检索方法进行检索操作。

4. 用户行为的信任评估

用户的行为可信是影响网络安全的因素之一，加密从静态方面保障了访问控制，用户行为则从动态方面为用户访问提供判定基础。为了对用户未来行为进行预测，及时发现可疑用户，本书将极值统计度量方法引入评判用户行为信任中，提出用户行为动态多维度量算法。首先，对用户的行为数据建立层次模型，反映用户总体可信度与行为数据之间的逻辑关系；其次，对用户信任级别分级，以判定用户访问要求；最后，引入集值统计度量方法评估用户行为可信值。原型验证结果表明，该方案能够对用户行为进行有效预测。

1.2.2 主要贡献

1. 提出支持用户撤销的 ABE 方案

针对 WBANs 医疗数据细粒度的访问控制问题，本书提出一种支持用户撤销的 ABE 方案。首先，在密钥策略的属性基加密（Key Policy Attribute-based Encryption，KP-ABE）方案中，访问树决定了具有哪些属性的用户可以访问数据，其类型由患者决定；其次，拓展 KP-ABE 方案，实现了医疗数据细粒度的访问控制；再次，针对用户属性变化加入用户撤销机制；最后，对方案从正确性、存储空间及能量消耗方面进行分析。原型验证结果表明，方案提高了加密解密的效率。

2. 提出支持安全外包的医疗数据 ABE 方案

针对数据外包环境下医疗数据安全存储及访问控制的问题，本书提出支持安全外包的医疗数据的 ABE 方案。首先，将医疗数据分类，细化了用户访问的数据；其次，拓展密文策略的属性基加密（Ciphertext Policy Attribute-based Encryption，CP-ABE）方案，实现了细粒度的数据访问；再次，将医疗数据访问结构分为两部分，分别由第三方及本地管理，既利用了第三方强大的存储及计算资源，又使第三方不能完全控制数据；最后，还考虑了在紧急情况发生时，急救人员也可以获得临时密钥来访问数据。本书分别从正确性证明、安全性、存储代价及计算代价方面方案进行分析，原型验证结果表明，方案可以提高加密解密效率。

3. 提出分层的可检索加密模型

针对现有的可检索加密方案用户撤销需要更新整个密文、计算任务繁重的问题，本书提出一种分层的加密检索模型，访问树被划分为不同子树，密文索引用不同子树加密，当用户属性满足某一子树时，可以解密该子树加密的索引，而无须解密整个访问树，提高了解密效率。

4. 提出用户行为信任评估算法

及时发现异常用户是保证用户安全访问的前提，针对用户行为信任评估的问题，本书提出一种动态多维度量算法（DMCA）。根据用户的行为数据建立行为数据评估树，通过客观证据的收集来确定用户行为评估值，利用集值统计度量方法，对用户行为从多维角度进行综合可信度计算，根据信任值决定的信任等级并最终判定用户是否可信。对用户行为过程中客观证据的收集改变了以往对用户行为的结果进行评价的方法，将数据的单点值扩大为值域，可以反映行为数据的长期情况，使得评估结果不会随着用户某一时刻证据值的变化而产生误差，充分体现了数据的意义。仿真实验表明，该算法能够在网络环境下对用户行为进行准确预测，并降低异常用户的漏报率及正常用户的误报率。

1.3　组织结构

本书以 ABE 及用户行为为核心展开论述，共分为 7 章，组织结构如图 1-1 所示。

第 1 章：介绍了 WBANs 医疗应用环境 ABE 及用户行为信任评估的研究背景和意义，通过描述 WBANs 医疗应用系统，详细说明了本书的研究内容、主要贡献及全文的章节安排。

第 2 章：介绍了本书的理论基础，包括介绍双线性映射的定义及 Diffie-Hellman 假设、访问控制相关理论、访问树结构及满足访问树条件、秘密共享方案、四种密码分析方案。

第 3 章：介绍了 ABE 及其研究现状、面临的挑战，针对 WBANs 内部数

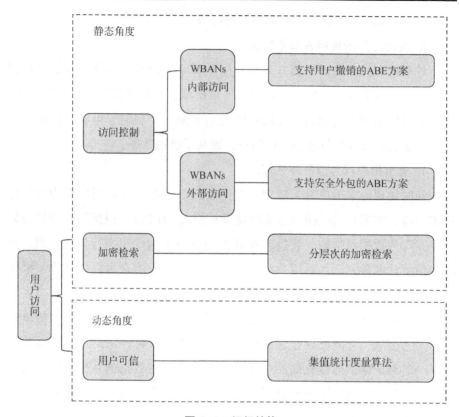

图 1-1　组织结构

据安全性，分别基于 KP-ABE 和 CP-ABE 提出支持用户撤销的 ABE 方案 KAERS 及数据访问控制方案 CPDCF。在 KAERS 中，拓展了 KP-ABE 方案，加入用户撤销机制，实现细粒度的访问控制，并对系统的正确性、安全性及能量消耗做出分析并进行原型验证。在 CPDCF 中，针对不同身份用户用不同访问结构加密数据，设计了四个算法实现，并对其从正确性、安全性进行分析，同时分析其能量消耗。

　　第 4 章：综述了数据外包环境下 ABE 访问控制研究现状，指出其面临的挑战。针对数据外包环境下的安全存储问题，通过拓展 CP-ABE 方案提出支持安全外包的医疗数据 ABE 方案。对医疗数据分类，该方案将访问树分为两部分，分别由本地及第三方管理。对系统正确性、安全性做分析并进行原型验证。

第 5 章：介绍加密检索相关内容，包括当前研究动态及主要研究方法，采用分层的访问树来达到对分支加密的效果，提高检索的效率。

第 6 章：从动态角度考虑用户行为信任评估问题，在计算用户可信度的过程中引入极值统计度量方法，通过对用户以往行为的评估来计算用户的可信度。仿真实验结果表明，算法提高了预测准确性，降低了正常用户误报率及异常用户漏报率。

第 7 章：总结全文，说明现有的研究中存在的不足及需要改进的地方，指出今后研究的方向。

1.4 本章小结

本章首先介绍了 WBANs 属性基加密及用户信任评估的研究背景和意义；其次，描述了基于 WBANs 的医疗数据应用系统；再次，阐述了本书的研究内容和主要贡献；最后，介绍了本书章节间的组织结构。

第 2 章　理论基础

本章介绍本书的理论基础，首先介绍双线性映射相关理论，其次介绍访问树结构及满足访问树，再次介绍秘密共享方案理论及安全模型内容，最后介绍集值统计相关理论，为全书研究做理论铺垫。

2.1　双线性映射

2.1.1　双线性映射定义

设 G_1 和 G_T 是两个阶为素数 p 的双线性群，g 为 G_1 的生成元，e 为双线性映射，e：$G_1 \times G_1 \to G_T$。双线性映射 e 具有下列性质：

- 双线性（bilinearity）：$\forall u, v \in G_1, a, b \in \mathbf{Z}_p, e(u^a, v^b) = e(u, v)^{ab}$，$\mathbf{Z}_p = \{1, 2, \cdots, p-1\}$ 是阶为 p 的 Galois 域。
- 非退化性（non-degeneracy）：g 满足 $e(g, g) \neq 1$。
- 可计算性（computability）：$\forall u, v \in G_1$，存在有效的方法计算 $e(u, v)$。

2.1.2　决策双线性 Diffie–Hellman（DBDH）假设

设 G_1 和 G_T 是两个阶为素数 p 的双线性群，g 为 G_1 的生成元，e 为双线性映射，e：$G_1 \times G_1 \to G_T$。随机选择 $\forall a, b, c \in \mathbf{Z}_p$，$g^a, g^b, g^c \in G_1, z \in G_T$，在多项式时间内算法没有以不可忽略的优势从元组 $(g, g^a, g^b, g^c, e(g,g)^z)$ 区分出元组 $(g, g^a, g^b, g^c, e(g,g)^{abc})$，则将算法的优势定义为 $\Pr[Z(A, B, C, e(g, g)^{abc}) = 0] - \Pr[Z(A, B, C, e(g,g)^z) = 0]$。

2.2　访问控制

访问控制限制用户在一定范围内的访问能力，以保证资源不被非法访问，并保护系统中数据。一般来说，访问控制由以下三部分组成：主体、客体、访问控制策略。主体根据要求制定访问控制策略，以达到限制某些客体访问的目的。传统的访问控制技术主要包括三大类。

（1）自主访问控制。由主体决定是否将客体的访问权限授予其他主体。授权的客体在获得访问某个资源的权限后，可能会继续将访问权限传递给其他客体，具有极大的安全隐患。

（2）强制访问控制。属于层次性多级安全，采用信息只允许向高安全级别流动的策略来防止信息泄露与扩散[26]。系统事先给主体和客体分配不同的安全级别，由等级和范围组成。在访问控制时，系统先对主体和客体的安全级别进行比较，只有当主体的安全级别等于或高于客体的安全级别时，主体才被允许访问该客体。

（3）基于角色的访问控制。角色是主体和客体的纽带，权限与角色相关联，客体被赋予角色的权限。对同一主体而言，通过不同的角色，拥有的访问权限也会有所不同。通过角色建立主体和客体的关系，可使得基于角色的访问控制更加灵活。

在云存储环境中，用户为了降低成本，将数据传输到云服务器，失去了对数据的控制，而云服务器是不完全可信的，如何保证数据不被非法用户访问是云服务中保证数据安全的基本要求。为了在大规模动态环境下解决数据安全保证问题，可采用属性基加密方法来实现细粒度的访问控制。

基于属性的访问控制（Attribute-based Access Control，ABAC）中，属性是主体和客体本身具有的，可以根据用户所具有的属性集合判定是否具有访问权限，将策略管理和权限判定相分离[27]。因此，对属性不同角度的描述便可以实现访问策略的改变。例如，用户不同时间可能具有不同身份，可以采取对用户进行不同的访问约束[28]；在属性中增加约束条件，例如系统负载、访问时间限制等[29]。

2.3　访问树

2.3.1　访问树结构

访问树表示访问控制的结构，医疗场景访问树示例如图 2-1 所示，非叶结点表示逻辑关系，num_x 表示非叶结点 x 的子结点数量，k_x 为阈值，则 $0 \le \mathrm{num}_x \le k_x$。当 $k_x = 1$ 时，子结点间是"或"关系；当 $k_x = \mathrm{num}_x$ 时，子结点间是"与"关系。叶结点表示属性，$\mathrm{att}(x)$ 表示当 x 为叶结点时与 x 相关的属性。

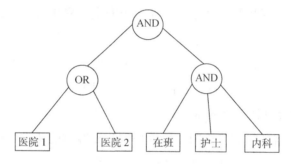

图 2-1　医疗场景访问树示例 1

2.3.2　满足访问树

设 T_r 是根为 r 的访问树，T_x 表示根结点为 x 的子树。当属性集 A 满足该访问树时，记为 $T_x(A) = 1$。计算 $T_x(A)$ 的递归过程如下：如果 x 是非叶结点，计算 x 的所有子结点 x' 的访问树 $T_{x'}(A)$，当且仅当至少 k_x 个子结点返回 1 时，$T_x(A) = 1$；如果 x 是叶结点，当且仅当 $\mathrm{att}(x) \in A$ 时，$T_x(A) = 1$。

当用于加密密文的属性满足私钥的访问树时，用户可以访问数据。图 2-1 为医疗场景中一名护士具有的访问树示例，非叶结点表示下层结点间的关系，用圆形表示；叶结点表示属性，用矩形表示。例如，一名护士用户的访问树结构为：（医院 2）AND（内科）AND（护士）AND（在班），这表明医院 2 的内科在班护士可以访问数据。再如，图 2-2 为健康服务人员具有的访问树结构示例：（所在机构）AND（具有资格证）AND（姓名），这表明能够提供所在机构名称和姓名并具有资格证的健康服务人员可以访问数据。

图 2-2　医疗场景访问树示例 2

2.4　秘密共享方案

秘密共享方案最早是由萨莫尔（Shamir）和比克利（Blakley）分别基于有限域拉格朗日插值公式和线性空间的几何性质提出的，是现代密码学中的一个重要方法。秘密共享方案为系统安全提供了必要保障。

2.4.1　方案描述

秘密分发者将秘密数据分为不同份额，而分发者安全地将这些份额分发到每个参与者 $C=\{C_1, C_2, \cdots, C_n\}$。当每个参与者个数达到或超过 t（秘密共享的门限值）时，他们能共同合作重构得到秘密数据 S，而少于 t 个参与者则不能重构秘密数据 S。秘密共享提高了系统的安全性和健壮性，分散了责任。

假设秘密数据是 S，S 被分割为 n 个部分：$S_1, S_2, \cdots, S_n$，并满足以下两个条件：

（1）根据任意 t 个 S_i，能够重构秘密数据 S；

（2）若少于 t 个 S_i，无法重构秘密数据 S。

则该方案称为 (t,n) 门限秘密共享方案，其中，t 为该方案的门限值。

当攻击者希望得到秘密时，必须具有足够的秘密份额，才有可能重构秘密数据 S。另外，部分秘密份额可能会丢失或破坏，但是只要其份额不超过相应的门限值，其他的秘密份额持有者还可以重构出秘密数据 S。在不同的应用背景下，可以设定不同的 t 和 n 值来解决实际问题。

2.4.2 拉格朗日插值定理

对某个阶数不大于 $t-1$ 的多项式，给定 t 个在二维平面上线性无关的取值点 $(x_0, p(x_0)), (x_1, p(x_1)), \cdots (x_t, p(x_t))$，通过拉格朗日多项式确定的多项式有且只有一个：

$$L(x) = \sum_{j=0}^{t-1} p(x_0) l_j(x) \qquad (2-1)$$

其中，$l_j(x)$ 为插值函数，也称为拉格朗日基本多项式，它由以下式子得出：

$$l_j(x) = \prod_{i=0,\ i \neq j}^{t-1} \frac{x-x_i}{x_j-x_i} = \frac{x-x_0}{x_j-x_0} \cdot \frac{x-x_0}{x_j-x_0} \cdots \frac{x-x_{j-1}}{x_j-x_{j-1}} \cdot \frac{x-x_{j+1}}{x_j-x_{j+1}} \cdots \frac{x-x_{t-1}}{x_j-x_{t-1}}$$

$$(2-2)$$

可以看出

$$l_j(x) = \begin{cases} 1, & x = x_j \\ 0, & x \neq x_j \end{cases} \qquad (2-3)$$

2.5 密码分析

密码分析是采用灵活的方式，通过获取部分或全部密文或明文，破译密码系统的手段。攻击者可以在不知道密钥的情况下，采用密码分析手段最终得到明文，甚至密钥。另一方面，密码分析能够发现密码体制的弱点，从而为密码编码者提供修补密码方案。主要的密码分析方式有如下几种。

（1）唯密文攻击（Ciphertext-only Attack）。密码分析者已得到一定数量的通过相同加密算法加密得到的密文。密码分析者希望恢复出待破译密文及密钥。

（2）已知明文攻击（Known-plaintext Attack）。密码分析者已经掌握密文及相应明文，即密码分析者希望解密被同一个密钥加密的新消息。

（3）选择明文攻击（Chosen-plaintext Attack）。密码分析者能够得到一定数量的自己选定的明文及相应的密文，即一定数量的明文–密文对。与已知明文攻击相比，选择明文攻击更高效，密码分析者可以自行选定明文，并得到相应密文。选择明文攻击多用于公钥密码体系的攻击。

（4）选择密文攻击（Chosen-ciphertext Attack）。密码分析者能够得到一定数据的自己选定的密文及相应的明文，即一定数量的密文-明文对。与已知明文攻击相比，选择密文攻击更高效，密码分析者可以自行选定密文，并得到相应明文。选择密文攻击多用于公钥密码体系的攻击。

第 3 章　无线体域网中 ABE 访问控制方案

本章组织结构安排如下：首先介绍 ABE 的相关研究，指出其面临的挑战；其次，设计了 WBANs 内部的访问控制系统模型，分别根据 KP-ABE 及 CP-ABE 提出访问控制方案；最后，对两种方案进行正确性证明及原型验证，并从安全性、能量消耗等方面对方案做出分析。

3.1　引　言

WBANs 为电子医疗应用提供了便利，收集到的医疗数据可以存储在 PCC 中供用户访问。然而，医疗应用系统中患者个人隐私保护要求十分严格，用户需要根据其身份访问患者数据，例如，医生及家属允许访问患者的所有医疗数据，看护人员则不允许访问其病史。保护用户医疗数据不被非法用户访问及实现用户细粒度的访问控制是亟待解决的问题之一。数据加密是加强用户访问控制的一种方法[30]。KP-ABE 方案是一种"一对多"的加密方式，克服了传统加密方法带来的效率低、存储空间大及无法根据用户属性分配其访问权限的问题，可以实现用户根据其属性访问数据，即患者不知道具体哪位用户访问其数据，但是可以描述访问用户具备的属性。当用户属性发生变化或发现可疑用户时，例如，用户工作单位变更或资格到期时，需要撤销该用户的访问权限。

本章内容在 KP-ABE 的基础上设计了支持用户撤销的 ABE 方案，解决了以下问题。

（1）WBANs 资源受限环境医疗数据细粒度的访问控制。由于传感器存储和计算能力有限，无法使用代价高的加密方法，例如，当私有域用户测量常规体征时只需通过 PCC 访问，而无须通过外部网络。另外，由于不同的用户需要分配不同的访问权限，采用 KP-ABE 方案是解决此问题的较好方法。

（2）用户撤销。当用户属性发生变化或发现可疑用户时，需要及时撤销该用户的访问权限，否则会引起用户隐私泄露问题。本书拓展了 KP-ABE 方案，加入用户撤销机制。

3.2　相关研究

传统的公钥加密方法需要使用不同用户的密钥加密同一份文件，这种加密方式会随着用户的增多而引起密钥管理负担。ABE 最大的特点是采用一对多的加密模式，即在医疗系统中患者并不知道具体哪个用户来访问，但能够通过属性指定访问数据的用户。

3.2.1　ABE 概述

从 1984 年基于身份加密（Identity-based Encryption，IBE）的概念被首次提出以来，学者们对它的研究不断延伸，将身份扩充为属性，将访问用户细化，将加密方法改进，并应用于不同领域，到现在已经形成成熟的理论方法。2005 年，萨海（Sahai）和沃特斯（Waters）首次提出 ABE 的概念[31]，将用户的身份作为属性用于加密解密。ABE 可以分为两类：KP-ABE 和 CP-ABE。KP-ABE 中，密文与属性集相关，用户密钥与访问结构相关，当与密文相关的属性满足密钥的访问结构时，密钥持有者能解密密文；而 CP-ABE 与 KP-ABE 相反，密文与访问结构相关，密钥与属性集相关，当用户具有的属性满足访问结构时，用户可以解密密文。ABE 可以实现数据的安全存储及细粒度的访问，许多学者在此基础上也提出了不同的算法以加强存储及访问的安全。图 3-1 和图 3-2 分别展示了 KP-ABE 和 CP-ABE 的过程，下面做简要介绍。

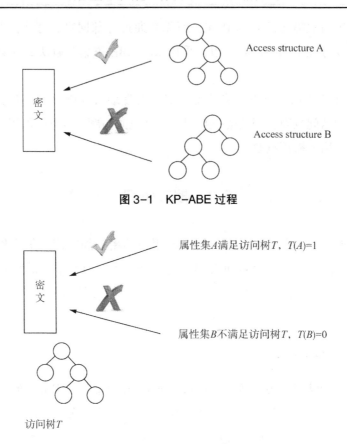

图 3-1　KP-ABE 过程

图 3-2　CP-ABE 过程

1. KP-ABE

初始化（Setup）：根据系统生成的随机数，输出公钥 PK 及主密钥 MK。

加密（Encryption）：明文 M 由属性及公钥 PK 加密，输出密文 CT。

密钥产生（Key Generation）：以访问结构、主密钥 MK 作为输入，输出解密密钥 DK。

解密（Decryption）：密文 CT 由访问结构的解密密钥 DK 解密并输出明文 M。

2. CP-ABE

初始化（Setup）：根据系统生成的随机数，输出公钥 PK 及主密钥 MK。

加密（Encryption）：明文 M 由访问结构及公钥 PK 加密，输出密文 CT。

密钥产生（Key Generation）：以属性集、主密钥 MK 作为输入，输出解密密钥 DK。

解密（Decryption）：以属性集、密文 CT 及解密密钥 DK 作为输入，解密并输出明文 M。

3.2.2　ABE 研究现状

近年来，越来越多的学者加入研究 ABE 的行列，他们研究的内容不仅有理论的创新和扩充，还有多种领域的应用。不同于传统的加密，ABE 是一种"一对多"的加密方法，这种方法正好适合数据细粒度的访问控制。在 KP-ABE 方案中，首先用属性定义公钥，然后用相应的属性公钥加密数据，用户的访问树包含在解密密钥中，当密文包含的属性满足访问树时，用户可以解密密文。按照发展过程，基于属性的加密经历了 IBE、KP-ABE、CP-ABE、分层的 ABE（Hierarchical Attribute-based Encryption，HABE）四个阶段，下面分别对这四个阶段做详细阐述。

1. IBE

沙米尔（Shamir）在 1984 年提出基于身份的加密，用户可以选择唯一标识其身份的字符串作为公钥，例如名字（Alice）、电子邮件（Alice@ yahoo.com）等。当用户 Alice 希望传输一条消息给用户 Bob 时，Alice 用其私钥签名，用 Bob 的名字或地址加密消息传送给 Bob。当 Bob 收到消息后，用私钥解密。这种方法允许用户之间安全地交互并确认对方签名，不需要交换公钥或私钥，也不需要保存密钥目录及第三方的服务。后来，一些学者对 IBE 做了改进。博内赫（Boneh）和富兰克林（Franklin）在 2003 年提出全功能的基于身份的加密算法[32]，该方法基于双线性映射，椭圆曲线上的 Weil 配对即为此映射的一个例子。萨海（Sahai）和沃特斯（Water）于 2005 年提出模糊的基于身份的加密方案[31]。在该方案中，密文用身份 ω' 加密，用户拥有身份 ω 的私钥，当且仅当 ω 与 ω' 包含至少 K 个相同的参数时，接收方可以解密密文。该方案的优点是具有容错能力，因为 ω 与 ω' 不必完全相同，并且也不需要从接收方得到证书，减轻了认证的负担。

2. KP-ABE

在 IBE 的基础上，戈伊尔（Goyal）等人于 2006 年提出细粒度的 KP-

ABE 方案[33]。该方案中，密文与属性集相关，私钥与访问结构相关，访问结构用于表示用户解密密文需要的属性及属性间关系。如果用户具备的属性满足用户私钥中的访问结构，该用户可以解密密文。KP-ABE 实现了细粒度的访问控制并且比 IBE 更加灵活，因为患者不知道访问数据的用户，但是他可以指定访问用户的特征，其缺点是将访问结构注入用户的私钥中，患者可以选择描述数据的属性而无法选择解密数据的用户，并且必须完全相信密钥分发者，另外访问结构是单调的，不能表示否定属性。奥斯特洛夫斯基（Ostrovsky）等人于 2007 年提出了另一种 KP-ABE 方案[34]。该方案允许用户的私钥由任何访问公式来表达，而之前的方法仅能由单调的访问结构表达。于（Yu）等人于 2011 年提出了 WBANs 面向细粒度的分布式数据访问控制方案，将 KP-ABE 应用于无线传感器网络，并在真实的传感器平台下进行实验，第一次在无线传感器网络中实现分布式细粒度的访问控制，但该方法缺乏访问控制的时效性[35]。2012 年，韩（Han）等人提出一种分散化的 KP-ABE 方案，该方案中，每个授权机构都能向用户独立地分发密钥，而不需授权机构间的交互[36]。2013 年，胡（Hu）等人将秘密共享体制应用于 WBANs 中，提出一种模糊的 ABE 的签密算法，该算法扩展了 KP-ABE 方案，结合了数字签名和加密[37]。由于采用签密方法，该方案在消息传输上较复杂，耗费大量能量，而 WBANs 中，能量是受限的。2016 年，拉胡拉马萨万（Rahulamathavan）等人提出了一种 KP-ABE 的隐私保护方案，当用户从多个机构获得解密密钥时，该方案可以实现用户隐私保护[38]。2017 年，朱（Zhu）等人提出的 KP-ABEwET 方法可以检测密文是否被包含相同信息的不同公钥加密，比以往方案更加灵活且能抵抗选择性密文攻击[39]。

3. CP-ABE

为了解决 KP-ABE 只能信任密钥分发者的问题，贝当古（Bethencourt）等人于 2007 年提出了 CP-ABE 方案[40]。在该方案中，用户的私钥与表示属性的随机数相关，加密方通过指定属性集的访问结构加密数据，当用户具有的属性满足密文的访问结构时，可以解密密文，该方法可以抵抗联合攻击。同年，张（Cheung）等人提出可证明的安全的 CP-ABE，研究了属性值为正、负的"与"访问结构。这种方法对于选择密文攻击是安全的，但是访问结构只能用"与"关系连接，属性用"是"或"非"表示，对于取值既可为"正"又可为"负"的属性用通配符代替[41]。同年，梅丽莎（Melissa）提出了多授权的 ABE 方案。该方法允许独立授权机构分配其私钥，加密者可以选择授权机构中一定数目的特征，接收者至少具有每一授权机构的一定数目的特征时可以解密消息，并且具有容错功能，进一步细化了访问特征，进而对用户的访问做到更深层次的细化[42]。西出（Nishide）等人于 2008 年提出隐藏密文策略的 CP-ABE 方案[43]。在该方案中，当访问策略包含重要信息时，加密者能够用隐藏的访问结构加密数据，保证了策略的机密性。2010 年，李（Li）等人提出多数据所有者环境下细粒度的访问控制方案，该方案将用户分为不同安全域，每个域管理用户的一部分，域管理使用户具有其隐私性的完全控制权，动态地降低了密钥管理的复杂性[44]。郭振洲于 2012 年对属性基加密进行了多方位的研究，构建了多个消息的门限结构，实现动态多重加密，引入密钥可验证机制，实现了环签密方案[45]。2017 年，刘（Liu）等人采用支持通过离线的方式来解决计算密钥产生及加密的方案，并将解密的主要工作交于第三方完成，该方案可抵抗选择明文攻击[46]。

在国内，ABE 的研究也引起了许多学者的关注。苏金树等人对 ABE 进行了研究和分析，深入剖析了难点问题，指出了研究方向[47]。近几年的研究主要可分为以下几个方面。

1）属性撤销

王鹏翩等人于 2012 年提出在 CP-ABE 基础上细粒度属性撤销方案。该方案支持任意数目属性的撤销，比以往的属性撤销方案粒度更细，因而在实际应用中对用户访问权限的管理更加灵活[48]。2018 年，赵志远等人采用将撤销用户记录到撤销列表中的方案，而这些用户无法获取中间密文以达到撤销用户的目的[49]。2019 年，彭黎提出部分策略隐藏的高效可撤销属性加密方案，对访问策略部分隐藏并支持直接撤销[50]。

2）外包

本部分内容将在第 4 章中详细论述。

3）区块链技术

近年来，区块链技术具有的去中心化和过程可信两个特点使得陌生节点可以在不依赖于第三方的情况下建立起点对点的可信价值传递[51]。因此，能够显著降低信任成本，提高交互效率，在许多领域，如金融、教育、医疗、电子取证、物流等领域，得到了广泛应用。我国许多学者将 ABE 方案应用在区块链技术中，以实现细粒度访问、提高计算效率，例如文献［52］［53］［54］所提到的内容。

4. HABE

自从金特里（Gentry）和西尔弗伯格（Silverberg）首先提出分层的加密方案以来，许多学者提出了多种 HABE 方案并将 HABE 与云计算结合[55]。2011 年，王（Wang）等将分层的 IBE 与 CP-ABE 结合，提出一种 HABE 方案[56]。2012 年，万（Wan）等通过分层的用户结构扩展 CP-ABE 方案提出了 HABE 方案[57]。2013 年，邹（Zou）等提出的 HABE 方案中，密钥的长度与属性集线性相关[58]。2014 年，邓（Deng）等通过扩展 CP-ABE 提出可以为不同机构的用户进行密钥授权的 CP-HABE（Ciphertext-policy-hierarchical Attribute-based Encryption）方案，在该方案中，属性存储于矩阵中，具有高级别属性的用户能够指定低级别用户的访问权限[59]。2015 年，阿尔沙伊马（Alshaimaa）等提出一个属性分层和基于角色的访问控制相结合的系统，用户角色可以自动使用策略构建，解决了云存储系统中可扩展性及密钥分配的问题[60]。2016 年，王（Wang）等提出一种云计算文件分层 ABE 的有效方案，在该方案中，层次化的访问结构综合在一起，形成一个访问结构，节省了存储及时间代价[61]。在这些方案中，父结点以自上而下的授权方式管理其子结点，密钥产生工作分发到不同的授权领域，降低了授权中心的负担。2019 年，魏（Wei）等将用户撤销、密钥分发及密文更新加入 ABE 中，提出 RS-HABE 方案。[62]

3.2.3 ABE 面临的挑战

从上述 ABE 研究现状来看，主要存在以下问题。

1. 用户管理

当用户的访问权限需要被撤销时，例如，医护人员变更或发现某些可疑用户时，将会失去解密的能力；而非撤销的用户仍具有合法解密能力。按照撤销的粒度来分，目前，有三种方法可以达到撤销用户权限的效果，分别是撤销用户、撤销用户属性及撤销系统属性[63]。撤销用户时，直接撤销该用户的所有权限；撤销用户属性时，需保证用户失去该属性对应的权限，而具有该属性的其余用户仍具备此权限；撤销系统属性时，虽然执行起来简单，但是所有与该属性相关的用户都受影响。因此，一些学者提出不同的方法解决此问题。文献［64］提出了定时更新用户主密钥的方法，用户的访问权限经过一段时间将会失效。文献［65］为每个属性分配失效时间。这类方案的问题在于，在失效期前，系统无法控制用户的恶意行为。在文献［66］中，传感器结点使用不属于撤销用户的属性加密数据，因此，仅有未撤销的用户可以解密数据，但是，密文中包含所有撤销过的用户属性，密文会变得很大。文献［67］采用控制中心将密文及主密钥传输至 n 个用户中的 n-r 个用户。这种方法适用于需要撤销用户的数目少的时候。文献［68］采用"惰性"撤销的方法实现用户撤销，即撤销某用户时不做立即改变，当该用户再次访问时再做更新。文献［69］通过 KEK 将重新加密密文的密钥加密，因此，撤销用户时，只需更新 KEK 树。文献［70］等提出可撤销用户属性并能追踪用户身份的 CP-ABE 方案，解决了匿名用户的密钥保护问题。

2. 数据时效性

时效性是安全属性之一，数据时效性确保了数据的新鲜性。对于 WBANs，过期数据会造成医生的误诊甚至危及患者生命，保证数据的时效性也是安全要求之一。本书采用在密文中增加时间戳来保证数据新鲜性的方法。

3.3　基于 KP-ABE 的系统

本书以基于 WBANs 的医疗数据应用系统为例，所研究的内容包含在图 3-3 中。从 WBANs 收集的医疗数据，既可以存储于 WBANs 内的 PCC 端，也可以传输到 WBANs 外的外包服务，本书围绕 WBANs 内、外医疗数据细粒度的访问控制及检索和用户的行为信任评估等方面内容展开研究。以 WBANs 的医疗数据应用系统为例，系统需要解决以下四个问题：第一，WBANs 内部的用户访问控制问题；第二，WBANs 开放环境下用户的访问控制问题；第三，当数据由第三方管理时，用户检索这些数据时，如何保证数据的安全性和隐私性，这三个问题从静态角度通过属性基加密来解决；第四，WBANs 开放环境下用户行为的监控问题，这个问题从动态角度通过对用户行为信任评估来解决。

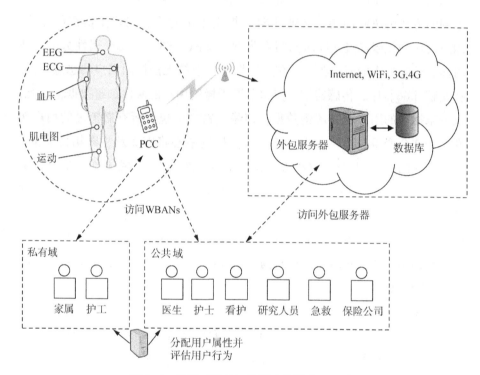

图 3-3　基于 WBANs 的医疗数据应用系统

该系统主要包括以下部分。

1）无线传感器

无线传感器可以穿戴在人体外部、植入人体内部或分布在人体周围以监测患者的体征（如脑电图、心电图、心率、血压、血糖）及周围环境的参数（如温度、湿度、位置等），并以文字、声音及可视化的形式提供患者实时状态的监测，这些数据称为医疗数据。

2）个人控制中心（Personal Control Center，PCC）

控制中心存储传感器收集的医疗数据，并对数据处理、整合。智能终端如智能手机或 PDA（Personal Digital Assistant）可以完成 PCC 任务。

3）网关

网关负责 PCC 与远程服务器的通信，用于将 WBANs 的数据传输到其他网络。

4）外包服务

WBAN 收集的医疗数据，包括患者的个人信息、体征数据和环境等信息，可交由外包服务管理，例如云服务。

5）用户

当传感器收集医疗数据后，可以将数据存储在 PCC 或发送到远程数据库。访问医疗数据的人员分为两个域，公共域（如医生、护士、看护人员、研究人员、急救或保险公司等）和私有域（如家属、护工等）。公共域用户既可以通过 PCC 又可以通过网络远程访问患者的医疗数据。例如，医生通过远程访问患者的医疗数据进行诊断，将诊断结果发送给其亲属，也可与患者或其看护人员直接交流。私有域用户仅能通过 PCC 访问数据，例如家属可以监测患者的血压、血糖。

6）属性机构

属性机构负责确定用户身份，分配用户属性，计算用户可信度，提前发现可疑用户。

本方案中，WBANs 传感器收集人体的体征并将数据发送到 PCC，PCC 存储这些数据，同时给予用户分发密钥并提供用户访问的响应，用户可以通过密钥访问 PCC 中存储的医疗数据，例如，用户可以是患者的家属或患者本人。

定义 1：用户集 $U=\{u_1,u_2,\cdots,u_n\}$，用户数量为 N_{user}。

定义 2：对于 $i \in \mathbf{Z}_p$ 及属性集 ATT，定义拉格朗日系数 $\Delta_{i,s}(x) = \prod_{j \in s, j \neq i} \dfrac{x-j}{i-j}$。

假设一名家属需要访问 PCC 存储的医疗数据，交互过程描述如下：

（1）PCC 执行算法 3-1 和算法 3-2 产生公钥 PK 及主密钥 MK；

（2）PCC 执行算法 3-3 加密医疗数据 M 并存储在本地；

（3）当用户需要被撤销时，PCC 执行算法 3-4，从属性级上实现撤销用户，而未被撤销的用户也不必更换密钥；

（4）PCC 执行算法 3-5，在属性满足用户的访问树时解密密文。

3.3.1　方案设计

本书设计了 WBANs 支持用户撤销的 KP-ABE 方案（Key-policy Attrib-ute-based Encryption with Revocation Scheme，KAERS）。KAERS 包含 5 部分：①系统初始化；②密钥产生；③加密；④用户撤销；⑤解密。下面分别对这 5 部分的算法做详细介绍。

算法 3-1 用于系统初始化，主要包括以下 3 步：

Step1，选择一个随机数；

Step2，将用户具有的所有属性映射为随机数；

Step3，生成公钥与主密钥。

算法 3-1：系统初始化

①选择两个阶为 p 的双线性群 G_1 和 G_T，以及双线性映射 $G_1 \times G_1 \rightarrow G_T$，$g$ 为 G_1 的生成元；

②在 $\mathbf{Z}_p$ 中选择随机数 y，G_1 中选择一个元素 g_2，且 $g_1 = g^y$；

③定义属性集 $\mathrm{ATT} = \{a_1, a_2, \cdots, a_{n+1}\}$，对任一属性 $a_i \in \mathrm{ATT}$，随机选择数字 $t_i \in \mathbf{Z}_p$，使得 $T_1 = g^{t_1}, \cdots, T_{|A|} = g^{t_{|A|}}, Y = e(g, g)^y$；

④定义函数 $T(x) = g_1^{x^n} \prod_{i=1}^{n+1} t_i^{\Delta_{i,N}(x)}$；

⑤公钥 $\mathrm{PK} = \langle T_1 = g^{t_1}, \cdots, T_{|A|} = g^{t_{|A|}}, Y = e(g, g)^y \rangle$，主密钥 $\mathrm{MK} = \langle y, t_1, \cdots, t_{|A|} \rangle$；

算法 3-2 用于输出用户 u_i 的解密密钥。算法按如下方式进行：从访问结构的根结点开始，按从上向下的方式，构造度为 $d_x = k_x - 1$ 的多项式 q_x。对于根结点 r，设置 $q_r(0) = y$，并随机设置多项式中其他 d_r 个结点；对于其他结点，设置 $q_x(0) = q_{\mathrm{parent}(x)}(\mathrm{index}(x))$，并设置其他结点的 d_x 来完整定义 q_x。

算法 3-2：密钥生成

①设置根结点 r 的多项式 $q_r(0) = y$；

②为每个结点按如下方式选择一个多项式 q_x：$d_x = k_x - 1$，$q_x(0) = q_{\text{parent}(x)}(\text{index}(x))$；

③对于访问树中每个叶结点 x：$D_x = g_2^{q(x)} T(i)^{-r_x}$，$d_x = g^{r_x}$；解密密钥

为 $\text{DK} = (D_x, d_x) = (g_2^{q(x)} T(i)^{-r_x}, g^{r_x})_{x \in \text{ATT}}$。

算法 3-3 用属性集 ω 加密明文，选择一个随机值 $s \in \mathbf{Z}_p$，密文由 4 个步骤组成，步骤 1 用于加密明文，步骤 3 由每个属性值生成的随机值构成，步骤 4 用于标记时间戳。

算法 3-3：加密

在一组属性集 ω 下加密消息 $M \in G_T$，按以下步骤计算密文 CT：

①$\text{CT}_1 = Me(g_1, g_2)^s$；

②$\text{CT}_2 = g^s$；

③$\{\text{CT}_3 = T_i^s\}_{i \in \omega}$；

④获得当前时间 tt，$\text{CT} = (\text{CT}_1, \text{CT}_2, \{\text{CT}_3\}_{i \in \omega}, \text{tt})$。

当需要撤销用户时，PCC 为被撤销的属性上层结点增加一个"非"属性，在解密密钥中增加"与" 0 的操作。当该用户访问数据时，由于密文中没有用 0 属性加密，无法解密数据。图 3-4 即为医疗场景访问树增加一个"非"结点示例。

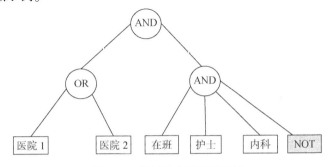

图 3-4 撤销用户访问树示例

算法 3-4：用户撤销

对于访问树中每个叶结点 x，$D_x = g_2^{q(x)} T(i)^{-r_x} \wedge 0$，$d_x = g^{r_x}$；解密密钥为 $DK = (D_x, d_x) = (D_x = g_2^{q(x)} T(i)^{-r_x}, g^{r_x})_{x \in \omega}$。

算法 3-5：解密

当 $T(\omega) = 1$ 时，用户解密由访问结构加密的消息，步骤如下：

①收到密文 CT 时，用户记录当前时间 $\widetilde{tt}$；

②当 $|tt - \widetilde{tt}| < \varepsilon$ 时，用户解密由私钥 D_x 加密的密文，即

$$M' = \frac{CT_1}{\prod_{i \in S} \left(\frac{e(D_x, CT_2)}{e(d_x, CT_2)} \right)^{\Delta_{i, S_x'}(0)}} \quad (3-1)$$

如果结点 x 是叶结点，则计算

$$\text{Decryptnode}(E, D, x) = \frac{e(D_x, CT_2)}{e(d_x, CT_i)} = \frac{e(g_2^{q_x(0)} \cdot T(i)^{r_x}, g^s)}{e(g_2^{r_x}, T_i^s)} = e(g, g)^{s \cdot q_x(0)}$$

$$(3-2)$$

如果 x 是非叶结点，设其子结点为 z。则

$$F_z = \prod_{z \in S_x} F_z^{\Delta_{i, S_x'}(0)}$$

$$= \prod_{z \in S_x} e(g, g)^{s \cdot q_z(0)^{\Delta_{i, S_x'}(0)}}$$

$$= \prod_{z \in S_x} e(g, g)^{s \cdot q_{\text{parent}(z)}(\text{index}(z))^{\Delta_{i, S_x'}(0)}} \quad (3-3)$$

$$= \prod_{z \in S_x} e(g, g)^{s \cdot q_x(i) \cdot \Delta_{i, S_x'}(0)}$$

$$= e(g, g)^{s \cdot q_x(0)}$$

其中，$i = \text{index}(z)$，$S_x' = \{\text{index}(z) : z \in S_x\}$。

用户首先检查时间戳，当时间在规定范围内时，可以解密密文，解密时分别计算叶结点和非叶结点。定义递归函数 $\text{Decryptnode}(CT, D, x)$，以密文、私钥和树的结点为输入，输出 G_2 中的一组元素。当 x 为叶结点时，直接调用函数 $\text{Decryptnode}(CT, D, x)$ 完成解密；当 x 为非叶结点时，Decrypt-

$node(CT, D, x) = F_x$ 按如下方式进行：对于所有 x 的子结点 z，调用 Decrypt-node(CT, D, x) 并存储结果为 F_z。S_x 为子结点 z 的任意集合且满足 $F_z \neq \bot$。如果不存在这样的集合，则 Decryptnode$(CT, D, z) = F_x = \bot$。

3.3.2 原型验证与性能分析

本部分首先证明方案解密的正确性；其次，对本书建立的访问树与其他访问树、本方案与其他方案的功能做比较，设计原型系统对方案性能进行评估；再次，分析方案的安全性；最后，从能耗角度进行分析。

1. 正确性证明

由于已定义了 Decryptnode 函数，解密算法只需从树根调用该函数，当且仅当与密文相关的属性满足访问树时，Decryptnode$(CT, D, r) = e(g, g)^{ys} = Y^s$。

$$
\begin{aligned}
M' &= \frac{CT_1}{\prod_{i \in S} \left(\dfrac{e(D_x, CT_2)}{e(d_x, CT_2)} \right)^{\Delta_{i, S_x}(0)}} \\[2mm]
&= \frac{Me(g, g)^t}{\prod_{i \in S} \left(\dfrac{e(g_2 q_x(0) T(i)^{-r_{x, g^s}})}{e(g^{r_x}, T(i)^{-s})} \right)^{\Delta_{i, S_x}(0)}} \\[2mm]
&= \frac{Me(g, g)^t}{\prod_{i \in S} \left(\dfrac{e(g_2 q_x(0), g^s) e(T(i)^{-r_{x, g^s}})}{e(g^{r_x}, T(i)^{-s})} \right)^{\Delta_{i, S_x}(0)}} \\[2mm]
&= \frac{Me(g, g)^t}{\prod_{i \in S} e(g_2^{q_x(0)}, g^s)^{\Delta_{i, S_x}(0)}} \\[2mm]
&= M
\end{aligned}
\tag{3-4}
$$

2. 方案比较

1）访问树比较

对本书建立的医疗数据访问树与 PSCP[41]、ABAR[71]、HASBE[57] 方案中的访问树做比较，从表3-1可知，本书建立的访问树支持"与""或"两种连接符，而 PSCP 方案中的访问树只具备"与"逻辑关系。本书丰富了用户的访问树类型，具体列出公共域和私有域中的用户，其他方案没有列出。

表 3-1　访问树比较

内容	PSCP	ABAR	HASBE	KAERS
连接符	"与"	"与""或"	"与""或"	"与""或"
是否支持急救	否	否	否	是
用户范围	公共域	—	—	公共域和私有域
决定者	系统	系统	系统	患者

2）功能比较

将本方案与 PSCP、ABAR 及 HASBE 方案从功能方面进行比较，从表 3-2 可以看出，PSCP 方案不支持用户撤销，PSCP 和 HASBE 使用 CP-ABE 方案，本书采用 KP-ABE 方案，原因在于 KP-ABE 中密文的大小和用于加密的属性呈线性关系，与访问结构的复杂性无关，如果采用 CP-ABE 方案，则密文与访问结构的大小有关，当访问结构设计复杂时，在 WBANs 资源受限的环境下不适用。本方案支持立即密钥更新，而 HASBE 方案则是定期更新密钥，在撤销的粒度上，本方案与 HASBE 虽然都在属性级上撤销用户，但是，本方案仅通过增加"非"属性更新加密密钥，而 HASBE 则需要保持用户的密钥状态信息并且增加用户密钥的结束时间。在撤销方法上，ABAR 和 HASBE 都需要对数据重新加密。对未撤销的用户来说，ABAR 和 HASBE 都需要更新密钥。另外，本方案支持密钥立即更新，而 HASBE 则定期更新密钥。

表 3-2　功能比较

功能	PSCP	ABAR	HASBE	KAERS
加密机制	CP-ABE	CP-ABE/KP-ABE	CP-ABE	KP-ABE
是否支持用户撤销	否	是	是	是
撤销粒度	—	—	属性级	属性级
撤销方法	—	重新加密	重新加密	不需要重新加密
对未撤销用户	—	更新密钥	更新密钥	不需要更新密钥
密钥更新	—	立即更新	定期	立即更新
时效检查	无	无	无	有

3. 原型验证

验证程序在 KP-ABE 源程序的基础上修改完成[72]，运行环境为 Windows 7 操作系统，CPU 频率为 2.40GHz，4GB 内存，32 位操作系统，使用 JPBC（Java Pairing Based Cryptography）[73] 库，JPBC 提供了 PBC（Pairing Based Cryptography）库的 Java 接口。

编程语言为 Java，运行平台为 MyEclipse Professional 2014。通过从 UCI 机器学习数据库获得的数据集 "Post-Operative Patient Data（PPD）"[74] 作为加密数据来进行仿真实验。PPD 数据集包含了 90 名患者的 8 个生理属性及 1 个最终决策，包括体温、血氧饱和度、血压等体征，具体内容如表 3-3 所示。实验重复 30 次，取其结果平均值。

表 3-3　患者特征信息

编号	属性	说明
1	patient's internal temperature in C	high（> 37），mid（≥ 36 and ≤ 37），low（< 36）
2	patient's surface temperature in C	high（> 36.5），mid（≥ 36.5 and ≤ 35），low（< 35）
3	oxygen saturation in %	excellent（≥ 98），good（≥ 90 and < 98），fair（≥ 80 and < 90），poor（< 80）
4	last measurement of blood pressure	high（> 130/90），mid（≤ 130/90 and ≥ 90/70），low（< 90/70）
5	stability of patient's surface temperature	stable，mod-stable，unstable
6	stability of patient's core temperature	stable，mod-stable，unstable
7	stability of patient's blood pressure	stable，mod-stable，unstable
8	patient's perceived comfort at discharge, measured as an integer between 0 and 20	
9	decision ADM-DECS	I（patient sent to Intensive Care Unit），S（patient prepared to go home），A（patient sent to general hospital floor）

1) 实现过程

程序在 KAERS 类中，建立五个函数，分别为 Setup( )、Keygen( )、Enc( )、Dec( )、Renew( )。下面分别用伪代码描述这 5 个函数。

```
Function Setup(PK,MK){
y=random();
g1=g^y;       /*g1 为 G1 中的一个变量
num=count(attri)/*计算属性的个数
while(num){
t[i]=random();/*t[i]为随机数
T[i]=g^t[i];
}
Y=pairing(g,g)^y;   /*计算双线性配对
PK={T[i],Y};
MK={y,i};
pubfile=PK;   /*将 PK 存储到 pubfile 文件中
mskfile=MK;   /*将 MK 存储到 mskfile 文件中
}


Function Keygen(PK,MK,SK,attr_str){
While(x is leaf){   /*属性的数量
    D_x=(g2^q(x),T(i)^(-r)_x);
d_x=g^r_x;
  }
    SK=(D_x,d_x);
}


Function Enc(PK,Policy,M){
    s=random();
    CT_1=M*pairing(g_1,g_2);
```

```
CT₂ = g^s;
While(i ∈ A)
      CT₃ = Tˢ;
    tt = system.time;/* 当前时间
   }
  Function Revocation{
    ry = random();
    Y = pairing(g,g)^ry;
    Dₓ = (g2^q(x),T(i)^(-r)ₓ',)^0;
   dₓ = g^rₓ';
    SK = (Dₓ,dₓ);
 }
Function Dec(PK,SK,encfile,decfile){
   if attributes satisfy access structure
   While(satisfy){
   For all the child of x
   递归调用 DecryptNode;
    }
   While(unsatisfy){
   终止
    }
 }
```

2）计算代价分析

观察 KAERS 方案在不同阶段的计算代价并与 ABAR 方案[71] 对比，可以看出，在初始化、密钥产生、加密及解密阶段，KAERS 与 ABAR 方案相比，幂操作与配对操作数量都少。由于这两种操作特别是配对操作是方案时间花费的主要原因，因此，KAERS 方案比 ABAR 方案效率高。见表 3-4。

表 3-4　计算代价对比

操作	KAERS	ABAR
初始化	$A_{att}E$	$(A_{att}+2N)\ E$
密钥产生	$(A_{att}+1)\ E$	$(A_{att}+n^2)\ E$
加密	$(A_{att}+1)\ E$	$(\ \mid A_c\mid +2)\ E$
解密	$5E+5e$	$A_cE+(\mid A_c\mid +1)e$
用户撤销	$(A_{att}+1)\ E$	$(A_{att}+n^2)\ E$

3）运行结果分析

仍然与 ABAR 方案对比，观察方案的运行时间，图 3-5 和图 3-6 分别显示了在不同属性数目情况下运行时间与用户撤销时密钥更新时间的比较，设定访问结构层为 3 层。从图中可以看出，在加密与解密方面，KAERS 时间代价比 ABAR 低，因为 ABAR 方案中密钥产生、加密及解密过程都分别考虑了属性取值的三种情况："是""非""不影响"，而在 KAERS 方案中，访问结构的表达式中就已确定属性的取值，不需要再分别讨论。在用户撤销时，KAERS 方案只需为被撤销用户属性的上层结点增加"0"属性，计算密钥时只需在原密钥上增加与"0"操作，而 ABAR 方案则需要重新计算密钥并重新加密密文。

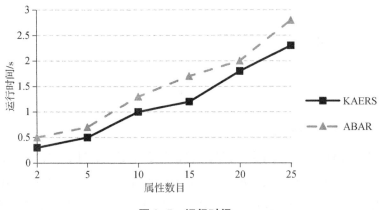

图 3-5　运行时间

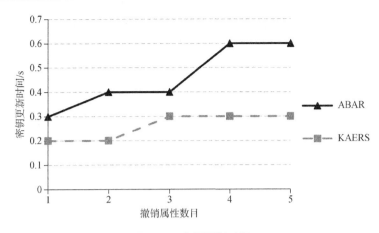

图 3-6　密钥更新时间

4. 安全性分析

1）抵抗合谋攻击

KAERS 方案中，不同的用户具有不同的访问结构，主密钥随机产生并相互独立。假设两名用户都不完全具备访问数据的属性，即使相互联合，由于他们的密钥是随访问结构随机产生的，因此，他们无法以一种有效的方式得到密钥，用户联合获取医疗数据是不可能的。

2）机密性

定理：如果攻击者 Attack 在选择性游戏中以 ε 概率的优势获胜，则模拟器 B 能在多项式时间内以不可忽略的概率赢得本游戏。

证明：该安全游戏基于 DBDH 假设的困难性。按照文献［33］中提出的方法加以证明。模拟过程如下。

G_1 与 G_T 是两个双线性映射 e 的群，生成元为 g。挑战者进行抛币游戏，令 $\mu \in \{0,1\}$，$a,b,c,z \in \mathbf{Z}_p$。构造模拟器 B，则 B 执行挑战者角色。当 $\mu = 0$ 时，$Z = abc$，B 被赋予 $(A,B,C,Z) = (g^a, g^b, g^c, e(g,g)^{abc})$；否则，设 z 为一个随机数，B 被赋予 $(A,B,C,Z) = (g^a, g^b, g^c, e(g,g)^z)$。

初始化：Attack 选择被挑战的属性集 ATT。

建立：B 按如下方法指定公钥。设置 $Y = e(A,B) = e(g,g)^{ab}$。当 $i \in$ ATT，设置 $T_i = g^{r_i}$，否则，随机选择 $\beta_i \in \mathbf{Z}_p$，并设置 $T_i = g^{b\beta_i} = B^{\beta_i}$；否则设置 $T_i = g^{\delta_i}$，并把公钥交于 Attack。

阶段 1：A 向访问树 T 请求主密钥，其中属性集 ATT 不满足访问树，即 $T(\text{ATT}) = 0$。为了产生主密钥，B 需要为访问树 T 中的任意结点定义度为 d_x 的多项式 Q_x。

按如下方式定义递归函数 $\text{polynode}(T_x, \text{ATT}, \lambda_x)$。对于访问树 T 中任一结点 x，使用 k_x 和 $\text{index}(x)$ 来表示结点的阈值和结点 x 的唯一标识。

当 ATT 满足以 x 为结点的子树时，即 $T_x(\gamma) = 1$。定义多项式过程如下：以访问树 T、属性集 ATT 和随机整数 $\lambda_x \in \mathbf{Z}_p$ 作为输入。为根结点 x 设置度为 d_x 的多项式 q_x，设置 $q_x(0) = \lambda_x$ 并随机选择其他点来完整定义 q_x。对 x 的子结点 x'，调用 $\text{polynode}(T_{x'}, \gamma, q_x(\text{index}(x')))$。

当 γ 不满足以 x 为结点的子树即 $T_x(\gamma) = 0$ 时，以访问树 T_x、属性集 ATT 和随机整数 $g^{\lambda_x} \in \mathbf{Z}_p$ 作为输入。定义度为 d_x 的多项式 q_x，并且满足 $q_x(0) = \lambda_x$。由于 $T_x(\gamma) = 0$，这表明不超过 d_x 个子结点满足访问树。设满足访问树的子结点个数为 h_x，且 $h_x \leqslant d_x$，对于每个满足访问树的子结点 x'，选择一个随机数 $\lambda_{x'}$ 且 $q_x(\text{index}(x')) = \lambda_{x'}$，并随机定义多项式 q_x 剩余的 $h_x - d_x$ 个点。

对 x 的任意子结点 x'，当属性满足和不满足 x' 时分别调用 $\text{polynode}(T_{x'}, \text{ATT}, q_x(\text{index}(x')))$ 和 $\text{polynode}(T_{x'}, \text{ATT}, g^{q_x(\text{index}(x'))})$。

B 为树 T 的所有结点构造多项式 Q_x，对于根结点 r，设 $y = Q_r(0) = ab$。相应于 T 中任意叶结点 x 的密钥由其多项式定义：

$$D_x = \begin{cases} g^{\frac{Q_x(0)}{t_x}} = g^{\frac{bq_x(0)}{r_i}} = B^{\frac{q_x(0)}{r_i}}, & i \in \text{ATT} \\ g^{\frac{Q_x(0)}{t_i}} = g^{\frac{bq_x(0)}{b\beta_i}} = g^{\frac{q_x(0)}{\beta_i}}, & i \notin \text{ATT} \end{cases} \qquad (3-5)$$

B 为访问树 T 构造了一个主密钥。

挑战：A 向 B 提交两条挑战消息 M_1、M_2。B 执行抛币游戏，结果为 $v \in \{0,1\}$，并返回 M_v 的密文。密文输出为 $\text{CT} = (\gamma, M_v Z, \{\text{CT}_i = C^{r_i}\}_{i \in \gamma})$。当 $\mu = 0$ 时，$Z = e(g,g)^{abc}$，设置 $s = c$，则 $Y^s = (e(g,g)^{ab})^c = e(g,g)^{abc}$，$\text{CT}_i = (g^{r_i})^c = C^{r_i}$，这表明在该身份下的密文是合法的。当 $\mu = 1$ 时，$Z = e(g,g)^z$，$\text{CT}' = M_v e(g,g)^z$。因为 z 是随机的，CT' 在敌手看来是一个随机元素，且消息没有包含关于 M_v 的任何信息。

阶段 2：模拟器重复阶段 1 的动作。

猜测：A 提交 v 的猜测 v'。当 $v' = v$ 时，模拟器输出 $\mu' = 0$ 来表明它被赋予合法元组；否则，输出 $\mu' = 1$ 来表明赋予随机四元组。

当 $\mu = 1$ 时，敌手无法得到任何信息，$\Pr[v' \neq v | \mu = 1] = 1/2$。因为模拟器 B 在 $v' \neq v$ 时猜测 $\mu' = 1$，因此 $\Pr[\mu' = \mu | \mu = 1] = 1/2$。

当 $\mu = 0$ 时，敌手得到 M_v 的加密密文。在此情况下定义敌手的优势为 ε，则 $\Pr[v = v' | \mu = 0] = 1/2 + \varepsilon$。因为模拟器 B 在 $v = v'$ 时猜测 $\mu' = 0$，因此 $\Pr[\mu' = \mu | \mu = 0] = 1/2 + \varepsilon$。

因此，模拟器在 DBDH 游戏中的整体优势为

$$\frac{1}{2}\Pr[\mu' = \mu | \mu = 0] + \frac{1}{2}\Pr[\mu' = \mu | \mu = 1] - \frac{1}{2}$$

$$= \frac{1}{2}\left(\frac{1}{2} + \varepsilon\right) + \frac{1}{2} \times \frac{1}{2} - \frac{1}{2}$$

$$= \frac{1}{2}\varepsilon \tag{3-6}$$

3）不可伪造性

敌手不能猜到用于加密密文的属性，即使得到其他用户的密文，也仅能知道加密密文的部分属性，且 y 随机选择，并不能创建一份新的、合法的密文。

5. 能耗分析

WBANs 另一个需要考虑的问题是资源受限，如何实现高效计算是亟待解决的问题之一。根据文献 [75]，WBANs 用于感应和计算的能耗与用于通信的相比微乎其微，发送数据的能量消耗为 0.02mJ/bit，接收数据的能量消耗为 0.014mJ/bit，而用于完成 SHA-1 的能量消耗为 0.0000072mJ/bit，因此，传输数据的过程需要尽量减少。本部分将根据传输过程和计算过程来呈现性能分析结果并将 KAERS 结果与其他结果进行比较。本书主要考虑 WBANs 中关于数据传输和计算的能量消耗。由于传输过程的能量消耗远高于计算过程，因此，提高传输过程的性能将会大大提高整个方案的性能。

1）传输过程的能量消耗

根据算法 3-3 和算法 3-4（当存在需要撤销的用户时），消息的总长度为

$$| CT_1 | +| CT_2 | +| CT_3 | +| tt | +| D_x' | +| d_x' | \qquad (3-7)$$

采用文献［76］的 Tate pairing 方法来评估双线性映射 e，$*$ 中的参数是可变的。假设 $| tt |$ 为 2Byte，p 是 G 和 G_T 的素数阶，n 为用户具有的属性个数。整个消息的长度为 $(|p|+|p|+n|p|+2+|p|+|p|) = 2+(n+4)|p|$。根据文献［77］，在 Crossbow MICA2DOT motes 中使用的 Chipcon 公司的 CC1000 接收及发送 1Byte 消耗 28.6μJ 及 59.2μJ 的能量。一位用户的能量消耗为 $(2+(n+4)|p|) \times (28.6+59.2)$μJ，则 W 用户需要消耗 $W \times (1.931+0.1765|p|)$mJ 的能量。参数设置如下：$n=3$，$|p|=20$，$|p|=42.5$，$|p|=60$。

表 3-5 呈现了 KAERS 方案与其他方案在能量传输消耗上的对比结果。从表中可以看出即使 $|p|=60$Byte，KAERS 在传输上的能量消耗也比其他方案低得多。

表 3-5　KAERS 方案与其他方案传输能量消耗对比

p 的长度/Byte	能量消耗/mJ	p 的长度/Byte	能量消耗/mJ
KAERS（$|p|$=20）	12.643	Certificate-based	146.99
KAERS（$|p|$=42.5）	26.296	Merkle hash tree	144.56
KAERS（$|p|$=60）	37.051	ID-BASED	111.02

图 3-7 呈现了传输中的能量消耗与属性数量之间的关系。从图中的曲线可以看出，随着属性数量的增加，能量的消耗也在增加。

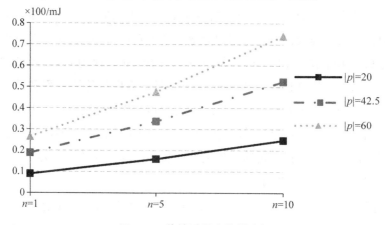

图 3-7　传输过程中能量消耗

2）计算过程的能量消耗

采用 CPU 为 32bit 400MHz 的内置 PXA-255 处理器来计算双线性映射能耗。根据文献［78］，典型的 PXA-255 处理器在工作模式及空闲模式下能量消耗为 411mW 和 121mW。本书采用 Tate 配对来计算双线性映射。根据文献［79］，在 33MHz 的功率下一个 32bit 的 ST22 智能卡微处理器计算 Tate 配对的时间为 752ms。因此，Tate 配对在 PXA-255 上约需要 33/440×752ms≈62.04ms。根据公式 $W=pt$（其中 W 是能量消耗，p 是功率，t 是执行时间），工作状态下能量消耗为 411×62.04mJ＝25.5mJ。Tate 配对花费了大部分的运行时间，因此，本书采用配对的能量消耗来估计此过程。在 KAERS 方案中，计算 Tate 配对（不考虑解密时的 Tate 配对，因为它发生在用户端）的时间为 3×62.04ms＝186.12ms。表 3-6 总结了 KAERS 方案在各阶段进行的计算操作，表 3-7 展示了当用户数量为 1 时，KAERS 与其他方案的计算代价对比，从表 3-7 可以看出，KAERS 的计算时间高于前三个方案，但低于第四个方案。图 3-8 显示了根据用户数量各方案的能量消耗，从图中可以看出，KAERS 方案的计算时间低于其他方案。若同时考虑用于传输和计算的能量消耗，在用户数量大时，KAERS 方案是高效的。

表 3-6 KAERS 方案的计算操作

操作	初始化	密钥产生	加密	用户撤销	解密
幂计算	$n+1$	$2n+1$	$n+3$	$2n+1$	n
双线性计算	1	0	1	1	$2n$
乘法	0	$n+1$	$n+2$	$n+2$	1
加法	0	0	0	0	1
比较	0	0	0	0	n

表 3-7 KAERS 与其他方案的计算代价对比

算法	计算消耗时间/ms	方案	计算消耗时间/ms
Certificate-based	39.96	FABSC	310.2
Merkle hash tree	18.48	KAERS	186.12
ID-based	124.08	—	—

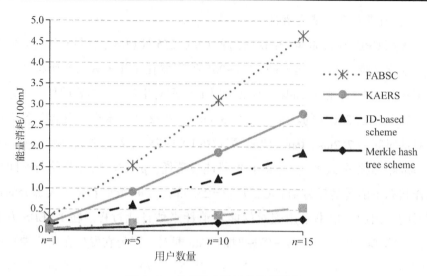

图 3-8　考虑用户数量的能量消耗

3.4　基于 CP-ABE 的系统

3.4.1　系统模型

在无线体域网中，访问结构存储在控制中心，当用户访问医疗数据时，用户属性必须满足访问结构才能解密数据。图 3-9 展示了一个访问结构的实例。该实例中，"OR" 表示 "或" 关系，"AND" 表示 "与" 关系。根结点之下用户分为三类：医院、家庭及急救中心。医院访问数据的用户为医生和护士，医生必须具备医院名称、医师资格、内科及值班医生的属性，护士必须具备医院名称、护士资格、值班护士的属性；家庭护理人员必须提供姓名；急救中心为特殊机构，提供急救中心名称即可。

通常，CP-ABE 由以下 4 个算法组成。

（1）初始化。将安全参数 K 作为输入并生成公钥 PK 及一个主密钥 MK。

（2）密钥产生。算法以 MK 及属性列表 L 作为输入，以信任机构为用户产生基于用户属性列表的密钥 SK。

（3）加密。算法以 PK、消息 M 及加密策略 W 作为输入，产生密文 CT。

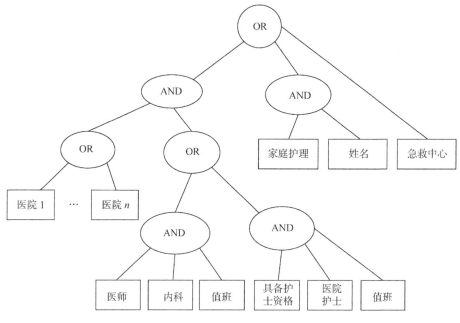

图 3-9　访问结构实例

（4）解密。算法以 L 及与 L 有关的 CT、SK 作为输入，当消息列表 L 满足密文策略 W，返回消息 M，即 $L|=W$；否则，如果 $L|\neq W$，返回 $\perp$。

3.4.2　CP-ABE 的选择明文攻击游戏

在概率多项式时间内，如果攻击者没有以不可忽略的优势在如下游戏中获胜，则称 CP-ABE 模型相对选择明文攻击是安全的。

初始化：攻击者向挑战者提交挑战访问结构 W。

建立：挑战者运行 setup 算法并将 PK 给予攻击者。

阶段 1：攻击者提交属性值列表 L 并提出密钥产生询问，如果 $L|\neq W$，挑战者向攻击者发送密钥 SK。此过程可重复多次。

挑战：攻击者向挑战者提交两条等长的消息 M_0、M_1。挑战者选择随机数 $b=\{0,1\}$，并用 M_b 加密 W，产生的密文 CT 传送给攻击者。

阶段 2：重复阶段 1。

猜测：攻击者输出 b 的猜测 $b'=\{0,1\}$，若 $b'=b$，则攻击者在游戏中获胜。

定义攻击者优势为 $|\Pr[b'=b]-1/2|$。

3.4.3　算法设计

假设医生需要通过控制中心得到用户的医疗数据，交互过程描述如下。

①控制中心执行算法 3-6 和算法 3-7 产生公钥及私钥。

②控制中心使用公钥加密医疗数据 M 并将密文发送到医生。

③医生核查时间，如果在阈值内，则使用医生具有的属性来解密密文。

本节设计了密文策略的属性基数据访问控制方案（CPDCF），密文体现密文策略，解密者知道使用相应的密钥组件。方案由 4 个算法组成：①系统初始化；②产生私钥；③加密医疗数据；④解密医疗数据。

算法 3-6：setup（）——由信任机构运行

①信任机构生成元组，$G=[p,G,G_{\mathrm{T}},g\in G,e]\leftarrow\mathrm{Gen}(1^K)$，随机数 $w\in\mathbf{Z}_p^*$；

②对每个属性 $i(1\leqslant i\leqslant n)$，信任机构产生随机值 $a_i,\hat{a}_i,a_i^*\in\mathbf{Z}_p^*$；

③计算 $Y=e(g,g)^w,A_i=g^{a_i},\hat{A}_i=g^{\hat{a}_i},A_i^*=g^{a_i^*}$；

④公钥 $\mathrm{PK}=\langle Y,p,G,G_{\mathrm{T}},g,e,\{A_i,\hat{A}_i,A_i^*\}\rangle_{1\leqslant i\leqslant n}$，主密钥 $\mathrm{MK}=\langle w,\{a_i,\hat{a}_i,a_i^*\}\rangle_{1\leqslant i\leqslant n}$。

算法 3-7：keygeneration（）——由信任机构运行

①用户属性值列表 $L=\{L_1,L_2,\cdots,L_n\}$；

②信任机构得到随机值 $s_i\in\mathbf{Z}_p^*(1\leqslant i\leqslant n)$，$s=\sum\limits_{i=1}^{n}s_i$，$D_0=g^{w-s}$；

③$L_i=1,[D_i,D_i^*]=[g^{\frac{s_i}{a_i}},g^{\frac{s_i}{a_i^*}}]$，$L_i=0,[D_i,D_i^*]=[g^{\frac{s_i}{\hat{a}_i}},g^{\frac{s_i}{a_i^*}}]$，密钥 $\mathrm{SK}=\langle D_0,\{D_i,D_i^*\}_{1\leqslant i\leqslant n}\rangle$。

算法 3-8：encrytion（）——由控制中心运行

①加密者在密文策略 $W=[W_1,W_2,\cdots W_n]$ 下加密消息 $M\in G_{\mathrm{T}}$；

②加密者选择一个随机值 $r\in\mathbf{Z}_p^*$，计算 $C=MY^r$，$C_0=g^r$；

针对不同类型用户，如医生、护士、急救中心，加密者针对不同用户计算 $C_{it}(1 \leqslant i \leqslant n, 1 \leqslant t \leqslant 3)$：$W_{it}=1, C_{it}=A_i^r$；$W_{it}=0, C_{it}=\hat{A}_i^r$；$W_{it}= *$，$C_{it}=A_i^{*r}$。

③密文 $CT=\langle C, C_0, \{C_{it}\}_{1 \leqslant i \leqslant n}, tt \rangle$，tt 为当前时间。加密者需要在 CT 中显示 W，这样接收者能知道对每个 C_i 对应相应的密钥组件。

算法 3-9：decryption（）——由用户输入属性

①接收者检查 W，如果 $L| = W$，则转步骤②，否则，退出；

②检查当前时间 $\bar{tt}$，如果 $|\bar{tt}-tt| \leqslant \delta$，则转步骤③，否则，退出；

③接收者针对不同用户，通过密钥 SK 解密 CT 如下：

$$D_i^{'} = \begin{cases} D_i, & W_{it} \neq * \\ D_i^*, & W_{it} = * \end{cases}, \quad 1 \leqslant i \leqslant n \qquad (3-8)$$

④解密密文 $M' = \dfrac{C}{e(C_0, D_0) \prod\limits_{i=1}^{n} e(C_{it}, D_i^{'})}$。

3.4.4　方案分析

1. 正确性证明

$$\begin{cases} L_i = 1, e(C_i, D_i) = e(A_i^r, g^{\frac{s_i}{a_i}}) = e(g^{a_i \cdot r}, g^{\frac{s_i}{a_i}}) = e(g, g)^{s_i \cdot r}; \\ L_i = 0, e(C_i, D_i) = e(\hat{A}_i^r, g^{\frac{s_i}{\hat{a}_i}}) = e(g^{\hat{a}_i \cdot r}, g^{\frac{s_i}{\hat{a}_i}}) = e(g, g)^{s_i \cdot r}; \\ L_i = *, e(C_i, D_i) = e(A_i^{*r}, g^{\frac{s_i}{a_i^*}}) = e(g^{a_i^* \cdot r}, g^{\frac{s_i}{\hat{a}_i}}) = e(g, g)^{s_i \cdot r}; \end{cases} \qquad (3-9)$$

$$\begin{aligned} M' &= \frac{C}{e(C_0, D_0) \prod\limits_{i=1}^{n} e(C_i, D_i^{'})} \\ &= \frac{MY^r}{e(g^r, g^{w-s}) \prod\limits_{i=1}^{n} e(C_i, D_i^{'})} \\ &= \frac{Me(g, g)^{w \cdot r}}{e(g^r, g^{w-s}) \prod\limits_{i=1}^{n} e(g, g)^{s_i \cdot r}} \end{aligned}$$

$$= \frac{Me(g,g)^{w \cdot r}}{e(g^r, g^{w-s}) e(g,g)^{r \cdot s}} \tag{3-10}$$

$$= \frac{Me(g,g)^{w \cdot r}}{e(g,g)^{w \cdot r}}$$

$$= M$$

2. 安全性证明

定理1：如果 DBDH 假设成立，则不存在攻击者能够在多项式时间内对方案进行选择明文攻击成功的可能。

证明：本方案的安全性基于 DBDH 问题。

假设攻击者 Adv 能够以不可忽略的优势 ε 在 CP-ABE 游戏中获胜，用反证法证明仿真器 S 可以以优势 $\varepsilon/2$ 从随机元组中区分 DBDH 元组，赢得 DBDH 假设的游戏，即证明 DBDH 假设不成立即可。

e 为双线性映射，$e: G_1 \times G_1 \to G_T$，$G_1$ 的阶为 p。首先挑战者生成系统公钥参数，包括生成元为 g 的群 G 和 G_1、一个有效映射 e 和随机数 $a, b, c \in \mathbf{Z}_p$，$v \in \{0,1\}$。挑战者执行抛币协议，当 $v=0$ 时，$Z = e(g,g)^{abc}$；当 $v=1$ 时，$Z = e(g,g)^z$。挑战者对 S 赋值 $\langle g, A, B, C, Z \rangle = \langle g, g^a, g^b, g^c, Z \rangle$，现在 S 在游戏中充当挑战者角色。

初始化：S 收到来自攻击者 Adv 的挑战策略 W。

建立：为了向攻击者提供公钥，S 设置 $Y = e(A, B) = e(g,g)^{ab}$。对于任一属性 i，S 随机选择 $\alpha_i, \beta_i, \gamma_i \in \mathbf{Z}_p$ 并计算 T_i、T_i^*、$\hat{T}_i^*$，如表3-8所示。

表3-8　公钥组件

公钥	$i=1$	$i=0$	$i=*$
T_i	g^{a_i}	B^{a_i}	B^{a_i}
T_i^*	B^{β_i}	g^{β_i}	B^{β_i}
$\hat{T}_i^*$	B^{γ_i}	B^{γ_i}	g^{γ_i}

阶段1：攻击者在私钥查询中提交 L，$L| \neq W$，必然存在 j 满足如下两种情况之一：$j \in L$ 时取其相反，$j \notin L$ 时取其本身。

对于 S 随机选择 $r_i' \in \mathbf{Z}_p$，且 $r_j = ab + r_j' \cdot b$，$r = \sum\limits_{i=1}^{n} r_i = ab + \sum\limits_{i=1}^{n} r_j' \cdot b$，$D_0 =$

$$\sum_{i=1}^{n} \frac{1}{B^{r_i'}} = g^{-\sum_{i=1}^{n} r_i' \cdot b} = g^{ab-r}, \quad D_j = A^{\frac{1}{\beta_j}} \cdot g^{\frac{r_j'}{\beta_j}} = g^{\frac{ab+r_j' \cdot b}{b \cdot \beta_j}} = g^{\frac{r_j}{b \cdot \beta_j}}, \quad 并将生成的私钥交$$

给 Adv。

挑战阶段：Adv 向 S 提交两条相同长度的明文 M_0、M_1。S 随机选择 $\mu \in \{0,1\}$ 并设置 $C' = M_\mu \cdot Z$。S 给攻击者 Adv 如下密文 $CT = \{W, C', C, C^{\alpha_i}, C^{\beta_i}, C^{\gamma_i}\}$。

阶段 2：同阶段 1。

猜测：Adv 产生 μ 的猜测 μ'。S 根据不同猜测结果做出如下猜测：如果 Adv 给出正确猜测 $\mu' = \mu$，S 在与挑战者的游戏中输出猜测 $v = 0$，且 $Z = e(g,g)^{abc}$，C' 是有效密文；如果 Adv 给出错误的猜测 $\mu' \neq \mu$，S 在与挑战者的游戏中输出猜测 $v = 1$，且 $Z = e(g,g)^z$，C' 不是有效密文，Adv 只能进行随机猜测。

当 $Z = e(g,g)^{abc}$，CT 是合法的密文，Adv 的优势为 ε，因此，有

$$P[\text{sim} \to \text{DBDH} \mid Z = e(g,g)^{abc}]$$
$$= P[\mu' = \mu \mid Z = e(g,g)^{abc}] \tag{3-11}$$
$$= \frac{1}{2} + \varepsilon$$

当 $Z = e(g,g)^z$，则 Adv 认为 C' 是完全随机的，因此 $\mu' \neq \mu$ 的概率为 1/2，即

$$P[\text{sim} \to \text{DBDH} \mid Z = e(g,g)^z]$$
$$= P[\mu' \neq \mu \mid Z = e(g,g)^z] \tag{3-12}$$
$$= \frac{1}{2}$$

由以上两部分可得到 S 区分 DBDH 元组的概率为

$$\frac{1}{2} P[\text{sim} \to \text{DBDH} \mid Z = e(g,g)^{abc}] +$$
$$\frac{1}{2} P[\text{sim} \to \text{DBDH} \mid Z = e(g,g)^z] - \frac{1}{2} \tag{3-13}$$
$$= \frac{\varepsilon}{2}$$

3. 性能分析

除了数据安全及隐私，在 WBANs 中另一个必须考虑的问题是能量消耗。在实际应用中，能量是重要也是有限的资源。通常，能量消耗主要用于三个方面：检测、通信和计算。由于 WBANs 用于通信的能耗比用于感应和计算的能耗多，根据文献 [75]，发送数据的能耗为 0.02mJ/bit，接收数据的能耗为 0.014mJ/bit，用于 SHA-1 的能耗为 0.0000072mJ/bit。由此可以得出，用于传输的能耗是用于计算的 10 倍。因此，设计加密机制时，应尽量减少传输。对于植入人体内的设备，使用寿命更为重要。通常，传感器及执行器应具有数月至数年的使用寿命（例如，起搏器或血糖监测器需要至少 5 年的使用寿命），传感器在存储空间、计算能力等方面的能力有限，其主要能量来源是能量供应有限的电池，因此建立安全机制时应尽量减少能量消耗。本方案与其他方案的主要操作如表 3-9 所示，n 为访问结构长度。

表 3-9　算法操作

操作	密钥产生	加密	解密
指数计算	$2n+1$	$2+3n$	0
映射计算 (e)	0	0	$n+1$
加法	$1+(n-1)$	0	1
乘法	$2n$	1	1
比较	0	0	n

4. 消息长度分析

本方案中，密文的总长度为 $|C|+|C_0|+n|C_i|+|tt|$，在 WBANs 网络中，假设时间戳长度为 2Byte，双线性映射采用 tate 配对，G_1、G_T 的阶 p 为 20Byte 素数。因此，密文总长度为 $2+(n+2)|p|$。当访问结构值 $n=3$ 时，能耗计算如表 3-10、表 3-11 所示。从中可以看出，本方案能耗低于其他方案。

表 3-10　CPDCF 与 FABSC 方案能量消耗对比

p 长度	CPDCF 方案能量消耗/mJ	FABSC 方案能量消耗/mJ
$|p| = 20\text{Byte}$	8.955	9.13
$|p| = 42.5\text{Byte}$	18.833	19.01
$|p| = 60\text{Byte}$	26.515	28.45

表 3-11　CPDCF 与其他方案能量消耗对比

p 长度及各方案	能量消耗/mJ	p 长度及各方案	能量消耗/mJ
$|p| = 20\text{Byte}$	8.955	Certificate-based	146.99
$|p| = 42.5\text{Byte}$	18.833	Merkle hash tree	144.56
$|p| = 60\text{Byte}$	26.515	ID-based	111.02

5. 计算能耗

根据文献 [78]，计算一次 Tate 配对约需要 752ms，功率为 62.04W。本方案中解密计算需进行 $n+1$ 次 Tate 配对，设 $n=3$，计算功率为 $4 \times 62.04\text{W} = 248.16\text{W}$。表 3-12 为计算功率对比，从表中可以看出，本方案的能量消耗高于其他方案。

表 3-12　CPDCF 与其他方案计算功率对比

方案	功率/W	方案	功率/W
Certificate-based	39.96	FABSC	310.2
Merkle hash tree	18.48	CPDCF	248.16
ID-BASED	124.08	—	—

3.5　本章小结

本章首先设计了 WBANs 内部支持用户撤销的方案 KAERS，实现了 WBANs 资源受限环境下医疗数据支持用户撤销的细粒度的访问控制，丰富了医疗数据访问树的类型，拓展了 KP-ABE 方案，并加入用户撤销机制，从属性级上实现了用户撤销。KAERS 方案的理论分析与原型验证结果表明，方案在具备机密性、不可伪造性及抵御合谋攻击的同时，提高了加密解密效率，节省了存储空间，降低了能耗。然后，提出一种 WBANs 内部基于密文策略的属性加密方案。本方案针对不同身份用户用不同访问结构加密数据，数据由访问结构加密，用户属性用于解密，实现医疗数据细粒度的控制访问。本方案设计了 4 个算法实现加密，并对其从正确性、安全性进行分析，计算其能量消耗。结果表明，虽然本方案在计算能耗上高于其他方案，但通信能耗远低于其他方案，由于通信能耗远比计算能耗高，其总体能耗小于其他方案。下一步的工作是简化算法结构并对访问控制进行进一步细粒度划分，提高算法安全性及效率，降低能耗。

第 4 章　支持安全外包的 ABE 方案

本章组织结构安排如下：首先介绍外包数据 ABE 的相关研究；其次，设计了支持安全外包的 ABE 模型；再次，提出了支持外包环境的 CP–ABE 方案；最后，对算法进行了正确性证明及原型验证，并从安全性、存储等方面对方案进行了分析。

4.1　引　言

数据外包到第三方可以减轻本地计算和存储负担，外包系统可以提供两种服务：存储服务和计算服务。云计算因其强大的存储能力及便利性得到了广泛应用，它提供"按需所取"的服务方式，用户可以享受到大量及灵活的存储和计算资源[80]。当前，两大云平台服务商 Google 和 Microsoft 都提供了"个人健康记录"（Personal Healthy Record，PHR）服务。

由于一些数据具有较高价值，例如，医疗数据，所以第三方存储往往是各种恶意行为的目标。完全将数据处于外包服务管理下，数据所有者则会失去对数据的控制，数据的机密性和隐私性无法保证。例如，外包服务商内部人员泄露数据或外包服务器遭到恶意的外部攻击。为了减轻对外包服务器的安全性依赖，可以采用在外包前对数据加密的方法。同时，对授权用户提供合理的访问控制机制。虽然采用 ABE 可以保证细粒度的访问控制，但是，加密过程需要大量的计算资源，如何有效地减轻本地负担便成为一个具有挑战性的问题。另外，患者可以选择用户访问其医疗数据的某些部分，对于没有授权的部分则没有相应的密钥，无法访问。因此，有必要建立细粒度的数据访问控制机制。

本章方案将访问树分为本地部分及外包部分，这样既可以减轻本地计算和存储负担，又可以防止外包服务对数据的完全控制。在 CP-ABE 的基础上与外包环境结合，患者能够自己决定如何加密医疗数据并且允许哪些用户访问哪些数据。数据所有者将数据分为不同部分，并用不同的访问策略加密，对用户来说，角色由属性来表达，用户仅能访问其属性能够满足访问策略的那部分医疗数据，通过这种方式加强数据的细粒度访问控制[81-82]。本章方案解决了以下问题。

（1）减轻了繁重的计算及存储负担。繁重的计算需要强大的资源来保证运行，当加密的设备为轻量级设备（如手机、传感器）时，本方案将大部分加密和解密交由外包服务完成以解决计算资源问题。对于存储空间不足的问题，将数据存储于外包服务，同时，为避免外包服务器完全控制数据，将访问策略分为两部分，一部分由患者管理，另一部分则交由外包服务器管理。

（2）细粒度的访问控制。不同用户能够赋予访问不同文件的权力。本方案中，患者将医疗数据分为不同的部分，并将其用不同的访问策略加密，实现用户细粒度访问控制，保证数据的安全。

（3）急救。当患者处于危急状态时，急救人员可以从可信中心得到临时密钥访问数据以赢得抢救时间。在急救结束时，可信中心更新临时密钥。

4.2 相关研究

近年来，越来越多的机构更愿意将个人健康记录（Personal Health Records，PHR）[83] 外包于云存储以降低成本。从 WBANs 收集的数据可以外包到第三方来节省本地存储和计算资源[84]。两大云平台提供商 Google 和 Microsoft 都提供 PHR 服务，分别为 Google Health 和 Microsoft Health Vault。外包服务带来了便利，但是，由于外包服务的存储位于患者控制之外，个人医疗数据包括敏感数据将会完全暴露于第三方，存在许多安全和隐私问题[85]。许多学者研究了在数据外包环境下数据的加密及访问控制方法，下面详细论述。

4.2.1　数据外包环境 ABE 访问控制研究现状

在数据外包环境下，要求第三方对数据内容及大量的用户负责。一种解决的方法是完全依赖外包服务器并且在外包服务器上执行访问控制，但是，这种方式会导致服务器具有所有用户的完全控制权，即要求外包服务器完全可信。另一种方法是通过加密提供安全的数据访问服务[86]。数据所有者在将数据存储到第三方之前加密数据并保留密钥，通过向授权的用户分发解密密钥而让用户完成数据访问。通过这种方式，做到"点对点"安全并且数据内容对外包服务器保密。这种方法不需要对外包服务器完全信任，但是，外包服务器依然能够管理经过加密的数据，其挑战性在于加强细粒度的访问授权策略，同时保证密钥管理及数据加密的低复杂性。因此，研究的重点在于同时达到细粒度且安全的数据访问控制，同时减轻本地计算负担。

许多学者对数据外包环境下 ABE 从不同方面做出研究。2009 年，伊布莱米（Ibraimi）等将属性分为两个安全域：社会域（包括家人、朋友等）和个人域（包括医生、护士等）[87]。2010 年，于（Yu）等通过定义并加强基于属性的访问策略来解决密钥分发及数据管理的负担问题，同时允许数据拥有者将其大部分计算任务放于云服务器[88]。2011 年，周（Zhou）将其系统与移动云计算结合，不公开数据内容及密钥，将访问结构分为两部分并用"与"逻辑连接符连接。一部分由云服务提供商执行，另一部分由数据所有者决定访问策略，用户只有同时具有这两部分属性，才能解密数据。这种加密及访问方式，降低了数据存储在云服务提供商的安全风险，同时减轻了本地的计算及存储负担[89]。同年，赫尔（Hur）等提出了在数据外包系统中具有高效撤销的访问控制方法[69]，该方法使用 CP-ABE 加强支持属性及用户撤销的访问控制策略。这种细粒度的访问控制方法通过双重加密机制实现。这种双重加密机制利用了属性基加密及选择性组密钥分配，其中，选择性组密钥分配在每一个属性组中进行。鲁吉（Ruj）等提出云中分布式访问控制方法[90]，这种方法将分布式属性基加密访问控制应用在云中。万（Wan）、王（Wang）和姜（Jiang）分别于 2012 年、2016 年和 2017

年提出云环境下分层的 ABE 方案，实现了可扩展性并继承了灵活性及细粒度的访问控制[57]。不同于以往的数据外包研究，2013 年，李（Li）等针对 PHR 存储于第三方及多数据所有者的情况，把用户分为不同的安全域，降低了密钥管理的复杂性，并允许动态修改访问策略及文件属性[91]。2014 年，李（Li）等针对 ABE 方案高计算代价的问题，提出采用两个云服务提供商分别负责密钥产生及解密服务的方法[92]，减轻了本地负担。2015 年，梁（Liang）等提出一种新的 Proxy Re-encryption 方案，该方案允许数据所有者指定存储于云的加密数据的访问权限，同时也不会向云服务器泄露数据[93]。同年，郑（Jung）等提出一种匿名的访问控制方案，解决了数据隐私和身份隐私的问题[94]。2016 年，毛（Mao）等提出安全 CPA 及安全 RC-CA ABE 方案，由外包完成解密及验证过程，减轻了本地负担[95]。2017 年，张（Zhang）等提出一种完全外包的 CP-ABE 方案，该方案将全部计算都交给第三方，但是无法验证计算结果[96]。但是，在以上方法中，医疗数据依然可以被属性满足策略的所有用户访问，如果希望用户只访问某些特定数据，则这些方法无法实现，因为所有的数据都在密文中加密。另外，以上方法都没有对医疗数据分类，因此，所有的数据都处于相同的安全级别。

国内方面，孙国梓等于 2011 年提出基于 CP-ABE 方案的云存储数据访问控制，该安全机制在服务提供商不可信的前提下，保证在开放环境下云存储系统中数据的安全性，并通过属性管理来降低权限管理的复杂度[97]。同年，洪澄等提出一种高效动态密文访问控制方法，其思想为将访问控制策略变更导致的重加密过程转移到云端执行，降低了管理的复杂度，可以实现动态访问[98]。2014 年，李琦等提出云中基于常数级密文属性基加密的访问控制机制[99]。该方法通过 CP-ABE 来实现对加密数据密钥的再加密，保证访问控制机制的安全性。2015 年，关志涛等针对单授权中心会造成密钥泄露的问题，提出一种多授权中心访问控制模型[100]。2016 年，王光波等将访问策略中的属性重新映射，并设计出用户与授权中心之间的计算协议以解决密钥托管问题[101]。2017 年，刘琴等将属性层引入基于比较的加密中，结合 CP-ABE，实现了数据细粒度的访问控制及用户撤销[102]。2019 年，赵志远等提出完全外包的属性基加密方案，该方案可将大部分阶段的计算功能实现外包，并且可以验证其正确性，减轻了用户的负担[103]。2020年，杨贺坤等提出支持可验证加解密外包的 CP-ABE 方案，该方案将部分计算任务交于第三方，授权机构和用户客户端的计算量得以降低[104]。

4.2.2　数据外包环境访问控制面临的挑战

（1）数据存储安全。将医疗数据存放于第三方，会导致敏感数据直接处于外包服务器的控制下，患者失去对这些数据的控制权，当外包服务器不完全可信时，数据存在安全性问题。为了限制外包服务商完全控制数据，可以采用赋予外包服务商部分控制权的方法。

（2）数据分类。ABE 解决了细粒度的访问控制问题，但是，数据并没有分类。为了保护患者的隐私，可以将医疗数据分类，例如，分为敏感数据和非敏感数据，这样，不同的用户访问数据的不同部分，更加细化了用户对数据的访问。

（3）急救。文献［105］提到，Break-glass 指访问控制中处理异常情况发生时的机制。在紧急情况下，普通的访问策略不再适用，用户允许一定程度上得到特殊权限来完成任务。例如，遇到紧急情况时，需要立即为急救人员提供临时密钥来节约抢救时间，如何对密钥授权并撤回是其需要解决的问题。文献［106］和［107］提出将 Break-glass 与 ABE 技术结合的安全信息共享方法。

4.3　系统模型

4.3.1　系统组成

图 4-1 展示了医疗数据外包系统，该系统具有多个患者和多个用户。患者对自己的医疗数据具有完全控制权，他们可以产生、管理及删除数据。这些数据被分为不同的部分并用不同的策略加密，通过网络将数据存储于第三方并与其他用户分享。用户来自不同领域，如医生、护士、保险公司，他们从属性分配机构得到其身份属性，并根据自己的属性访问数据的不同部分。系统包括以下四个部分。

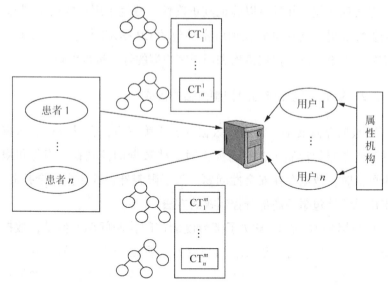

图 4-1 医疗数据外包系统

1) 外包服务

外包服务指提供外包服务的第三方，负责提供外包服务并控制用户访问外包数据。

2) 患者

患者拥有数据的完全控制权，负责定义访问策略。例如，用药史、家族遗传病可由医生或护士访问，而保险公司不能访问，即数据可由授权的用户访问而不能被未授权的用户访问。

3) 属性机构

属性机构是一个属性集分配机构，它负责产生、分配、撤销及更新用户属性。

4) 用户

用户是来自不同领域、希望访问医疗数据的人，例如，医生、护士、朋友、看护人或研究人员。如果某用户具有的属性能满足访问策略，并且没有被撤销，则可以解密相应数据。

当用户希望访问医疗数据时，首先检查其具有的属性满足访问树的哪一部分。例如，该用户的属性满足访问树 CT_i 部分，他只能访问用 CT_i 加密的这部分数据而无法访问其他部分。下面通过一个例子来说明运行过程。假设 Alice 是医院 A 的患者。她创建一份医疗文件 M 并将其分为不同的部分，例如，个人信息、病史、体检结果及敏感数据等，如图 4-2 所示。Alice 将这些数据定义不同访问策略来满足不同用户的不同访问权限要求。例如，医生可以访问所有数据，保险公司仅能访问其个人信息，她的朋友及科研人员可以访问病史。当 Alice 的朋友 Bob 想访问其病史时，需要提供其身份属性，根据身份发送相应密钥来完成访问；当 Bob 想访问敏感信息时，根据其身份则不给予相应密钥。Alice 也把急救密钥传送到属性机构，当紧急情况发生时，急救人员可以得到临时密钥来访问数据。

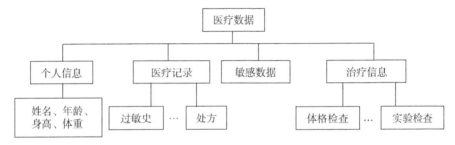

图 4-2　医疗数据分类示例

4.3.2　访问树

文献 [60] 提出分层的访问树方法，本书在此基础上提出将访问树分为两部分：T_{os} 和 T_{ow}，$T = T_{os} \wedge T_{ow}$。T_{os} 是访问树的一部分，由外包服务管理，T_{ow} 是访问树的另一部分，由患者管理。为了减轻 WBANs 的计算负担，T_{ow} 通常只保留小部分属性，大部分属性包含在 T_{os} 中，图 4-3 为一棵访问树示例。

访问树 T 由叶结点和中间结点构成，定义了数据访问策略。每个叶结点代表一个属性，中间结点代表叶结点间逻辑关系，例如，"与""或"。与访问树相关的函数定义如下。

parent(x)，返回结点 x 的父结点。

att(x)，返回访问树中叶结点 x 相关的属性。

num$_x$，结点 x 的子结点数量。

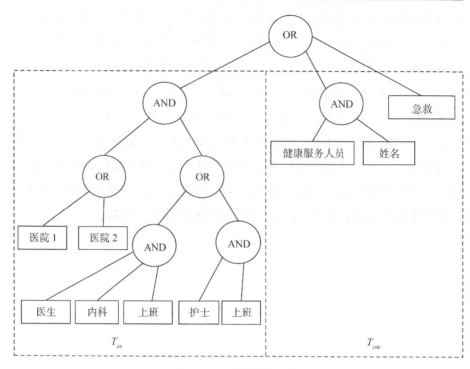

图4-3　一棵访问树示例

Index(x)，返回一个与结点 x 相关的数字。

k_x，非叶结点 x 的门限值，定义秘密共享算法中多项式的度，当 x 为 AND 时，$k_x = \text{num}_x - 1$，当 x 为 OR 时，$k_x = 0$。

4.3.3　安全需求

本部分认为数据外包服务器虽然遵守协议，但是服务器会尽可能多地发现存储在其中的医疗数据。另外，一些用户也会访问超越其权限范围的数据。例如，药房出于商业利益希望得到患者的处方，他们会与其他用户联合起来，或与外包服务器联合起来非法获取数据。对数据的攻击可分为3类：①服务提供者与用户的联合。攻击者允许询问所有私钥。②外包服务提供者。攻击者拥有所有用户的私钥并试图得到密文中的有用信息。③用户联合。不同用户联合获取密文信息。

对系统的安全和行为要求总结以下3点。

（1）数据机密性。当用户不满足访问树的属性即不具备访问权限时应该被拒绝访问。

（2）灵活性。定义好的访问树允许动态变更，例如，在紧急情况发生时要求数据被急救人员访问。

（3）细粒度访问控制。不同用户被赋予不同属性，依据满足访问树的不同可以访问不同数据。

下面定义挑战者与攻击者之间的安全游戏。

建立：挑战者 C 运行算法 4-1 并将公钥交给攻击者 Attack。

阶段 1：攻击者 Attack 询问属性集 ATT 的私钥。

挑战：攻击者 Attack 提交两条等长的消息 M_0、M_1 及访问树 T，T 不能被任何询问的属性集满足。挑战者 C 执行抛币游戏，$b \in \{0,1\}$，并在访问树 T 加密 M_b，产生密文 CT，并把 CT 交给攻击者 Attack。

阶段 2：攻击者 Attack 继续向挑战者询问相应于其他属性集的私钥，且其他属性集都不能满足访问树 T。

猜测：攻击者 Attack 输出 b 的猜测 b'。

攻击者在此游戏过程中的优势定义为 $\Pr[b=b']-1/2$。

4.4　算法设计

通过扩展 CP-ABE 方案，本章设计了支持安全外包医疗数据的 ABE 方案（Supporting Secure Outsourcing Medical Data ABE，OMD-ABE）。为了减轻计算及存储负担，将数据存储于外包环境，同时，为了保证数据不被服务器控制，将数据加密并将访问树分为两部分。OMD-ABE 由以下 5 个算法组成。

算法 4-1：初始化

①构造阶为 p 的双线性组 G，g 为其生成元；

②选择随机数 $\alpha, \beta \in \mathbf{Z}_p$，公钥 PK 为 $\{e(g,g)^\alpha, h=g^\beta\}$；

③主密钥 MK 为 $\{\alpha, \beta\}$。

算法 4-1 为初始化阶段，数据所有者选择两个随机数作为输入，输出公钥 PK 和主密钥 MK。

算法 4-2：私钥生成

①选择一个随机数 $\gamma \in \mathbf{Z}_p$；

②每一属性 $j \in \mathrm{ATT}$，选择随机数 $\gamma_j \in \mathbf{Z}_p$；

③生成私钥，$D = g^{(\alpha+\gamma)/\beta}$，$\forall j \in \mathrm{ATT}: D_j = g^{\gamma} \cdot H(j)^{\gamma_j}, D_j' = g^{\gamma_j}$。

产生系统公钥及主密钥后，可信中心为用户 U 产生私钥。在算法 4-2 中，根据用户角色，将用户具有的属性集合 ATT 作为输入，输出为识别该集合的私钥。

隐私保护需要解决如何确保授权的用户访问数据的某个部分的问题。例如，患者不希望一些用户知道他患有某种疾病，需要限制用户的访问权限。本书采用将数据分为不同部分的方法解决这个问题。数据 M 分为 N 部分，$M = \{M_1, M_2, \cdots, M_N\}$，对于每一部分，构造相应的访问树并加密。加密完成后，密文为 $\mathrm{CT} = \{\mathrm{CT}_1, \mathrm{CT}_2, \cdots, \mathrm{CT}_N\}$，$\mathrm{CT}_k(k=1,2,\cdots,N)$ 指密文的一部分，满足相应访问树的用户可以解密。

算法 4-3：数据加密

①患者用 T_{ow} 对数据加密得到密文

$$\mathrm{CT}_{ow} = \{\widetilde{C} = Me(g,g)^{\alpha s}, C = h^s, \forall y \in Y_{ow}: C_y = g^{q_y(0)}, C_y' = H(\mathrm{att}(y))^{q_y(0)}\},$$

并将 CT_{ow} 发送至外包服务器；

② 外包服务器用 T_{os} 对数据加密得到密文

$$\mathrm{CT}_{os} = \{\widetilde{C} = Me(g,g)^{\alpha s}, C = h^s, \forall y \in Y_{os}: C_y = g^{q_y(0)}, C_y' = H(\mathrm{att}(y))^{q_y(0)}\};$$

T_{os} 和 T_{ow} 的加密过程如下：

首先，患者为树中每个结点 x（包括叶结点）选择一个多项式 q_x。这些多项式从根结点开始，以从上至下的方式选择。对于树中每个结点 x，设置度为 $d_x = k_x - 1$，k_x 是 x 的子结点数量。由根结点 r 开始，选择随机数 $s \in \mathbf{Z}_p$ 并设置 $q_r(0) = s$。对于其他结点 x，设置 $q_x(0) = q_{\mathrm{parent}(x)}(\mathrm{index}(x))$ 并随机选择其他结点 d_x 来定义 q_x。

（3）外包服务器生成密文 $CT_k = \{CT_{os} \wedge CT_{ow}\}$

当用户希望访问 CT_k 时，服务器首先检查其属性是否满足 CT_k 的访问树，如果满足，将解密过程交由外包服务完成。用户向外包提供商发送 SK_k 并且请求访问密文。递归过程如下：对于 x 中任意一个子结点 z，调用 DecryptNode(CT, SK, z) 并将输出存储为 F_z。S_x 为结点 z 的任意分支子结点 z 集合，外包计算过程如式（4-1）所示。

算法 4-4：数据解密

当 x 为叶结点时，$i = \text{att}(x)$ 并定义如下：

当 $i \in S$ 时，有

$$
\begin{aligned}
& \text{DecryptNode}(\text{CT}, \text{SK}, x) \\
&= \frac{e(D_i, C_x)}{e(D_i', C_x')} \\
&= \frac{e(g^r \cdot H(i)^{r_i}, h^{q_x(0)})}{e(g^{r_i}, H(i)^{q_x(0)})} \\
&= e(g, g)^{r q_x(0)}
\end{aligned} \quad (4-2)
$$

当 $i \notin S$ 时，DecryptNode$(\text{CT}, \text{SK}, x) = \bot$；

$$
\begin{aligned}
F_z &= \prod_{z \in S_x} F_z^{\Delta_{i, S_x'}(0)} \\
&= \prod_{z \in S_x} \left(e(g, g)^{r \cdot q_z(0)} \right)^{\Delta_{i, S_x'}(0)} \\
&= \prod_{z \in S_x} \left(e(g, g)^{r \cdot q_{p(Z)}(\text{index}(z))} \right)^{\Delta_{i, S_x'}(0)} \\
&= \prod_{z \in S_x} \left(e(g, g)^{r \cdot q_x(i) \cdot \Delta_{i, S_x'}(0)} \right) \\
&= e(g, g)^{r \cdot q_x(0)}
\end{aligned} \quad (4-3)
$$

其中，$i = \text{index}(z)$，$S_x' = \{\text{index}(z) : z \in S_x\}$。最后，递归算法返回 $A = e(g, g)^{rs}$。

算法4-5：紧急情况

　　①为紧急属性选择一个随机数 $\eta \in \mathbf{Z}_p$；

　　②利用主密钥生成私钥，$D = g^{(\alpha+\eta)/\beta}$。

当患者遇到紧急情况时，急救人员需要临时访问医疗数据，普通的访问策略不再适用，需要临时授权访问的密钥。在本算法中，为紧急情况发生时设立紧急密钥，患者将紧急密钥存放于紧急部门。当紧急情况发生时，医疗人员向紧急部门证明身份，请求患者的紧急密钥，当得到密钥时，解密医疗数据文件。当患者急救完成后，可以重新设立一个紧急密钥。

4.5　原型验证与方案分析

4.5.1　正确性证明

解密算法从树根开始，当用户具有的属性满足访问树时，解密消息 M'。

$$
\begin{aligned}
M' &= \frac{C'}{e((C,D)/A)} \\
&= \frac{Me(g,g)^{\alpha s}}{e(h^s, g^{(\alpha+\gamma)/\beta})/e(g,g)^{rs}} \\
&= \frac{Me(g,g)^{\alpha s}}{e(g^\beta, g^{(\alpha+\gamma)/\beta})/e(g,g)^{rs}} \\
&= \frac{Me(g,g)^{\alpha s}}{e(g,g)^{(\alpha+\gamma)}/e(g,g)^{\gamma s}} \\
&= M
\end{aligned}
\qquad (4-4)
$$

4.5.2　原型验证

本算法验证程序在 CP-ABE 源程序的基础上修改完成[108]。运行环境为 Windows 7 操作系统，CPU 频率为 2.40GHz，4GB 内存，32 位操作系统，并使用 JPBC（Java Pairing Based Cryptography）库，JPBC 提供了 PBC（Pairing Based Cryptography）库的 Java 接口，并采用基于曲线 $y^2 = x^3 + x$ 的 160 位椭圆

曲线群。编程语言为 Java，运行平台为 MyEclipse Professional 2014。采用与第 3 章相同的 UCI 机器学习数据库的数据集 "Postoperative Patient Data（PPD）"[73] 作为加密数据来进行仿真实验。实验重复 30 次，取其结果平均值。

1. 实现过程

在 OMD-ABE 类中，新建五个函数，分别为 Setup( )、Keygen( )、Enc( )、Dec( )、Emergency( )函数。

```
Function Setup(PK,MK){
  g11,g12 as G1,gt as GT,
  g12 = g^b;                /*g12 为 G1 中的变量
  gt = e(g,g)^a;            /*gt 为 GT 中的变量
  PK = {G0,g11,g12,gt}
  MK = {b,g^a}
  Pubfile = PK;             /*PK 存储到 pubfile 文件中
  Mskfile = MK;             /*MK 存储到 Mskfile 文件中
  }


Function Keygen(PK,MK,SK,attr_str){
Len = number of attr;      /*属性数量;
  r = random();            /*产生随机数 r
While(i<len){
rj = random();             /*产生随机数 rj
   Di = pairing(g^r,H(j)^rj);
   Dj = g^rj;
   SK = (g^((a+r)/b),Di,Dj)
}


Function Enc(PK,Policy,M,){
  Cy = g^qy(0);
```

```
Cy'=H(att(y)^qy(0));
C'=M*pairing(g,g)^as;
C=h^s;
}
```

在加密阶段，本验证过程只考虑本地加密，对外包加密不做验证。加密算法从 PK 读取公共参数，在访问策略 policy 下将 inputfile 指定的文件加密为 encfile 的文件。

```
Function Dec(PK,SK,encfile,decfile){
  if attributes satisfy access structure
While(satisfy){
  For all the child of x
  递归调用 DecryptNode;
}
While(unsatisfy){
  终止
 }
}
```

解密算法从 pubfile 指定的文件中读入公共参数，从 prvfile 中读入用户私钥，将加密文件 encfile 解密为 decfile。

```
Function Emergency(){
  r=random();          /*产生随机数 r
  D=g^(a+m)/b
}
```

2. 计算复杂度分析

表 4-1 比较了 CP-ABE 方案[40]、FH-CP-ABE 方案[61] 与 OMD-ABE 方案的时间复杂度，从表中可以看出，在初始化、密钥产生及解密阶段 OMD-ABE 与 CP-ABE 方案和 FH-CP-ABE 方案相比时间复杂度一致，但在加密阶段，由于只保留部分策略在本地，因此加密阶段时间复杂度只与本

地保留访问树的属性个数有关。

表 4-1　时间复杂度比较

操作	CP-ABE[40]	FH-CP-ABE[61]	OMD-ABE
初始化	$O(1)$	$O(1)$	$O(1)$
密钥产生	$O(A_{att})$	$O(A_{att})$	$O(A_{att})$
加密	$O(A_{OA})$	$O(A_{OA})$	$O(A_{PA})$
解密	$O(A_{PA})$（本地完成）	$O(A_{PA})$	$O(A_{att})$（外包服务完成）
紧急情况	—	—	$O(1)$

3. 计算分析

表 4-2 比较了 CP-ABE 方案[40]、FH-CP-ABE 方案[61] 与 OMD-ABE 方案中用于计算的代价，由于算法执行过程中时间主要花费在双线性映射及指数计算中，所以计算分析中仅考虑这两种运算，这些结果分别根据每一阶段的全部计算量得出。从表中可以看出，OMD-ABE 方案在初始化阶段，定义双线性对，产生公钥及主密钥，需要完成 3 次幂运算及 1 次双线性映射运算，算法在这一阶段和其他算法相差无几。在密钥产生阶段，根据属性生成相应密钥，可以看出，OMD-ABE 方案比 FH-CP-ABE 方案在幂运算方面少 1 次。在加密阶段，OMD-ABE 方案只考虑在本地的加密计算，用于加密的属性数量大大减少，只有 1 次双线性运算，而 FH-CP-ABE 方案则需要整合所有访问树，不仅需要对叶结点计算，还需要对中间结点计算；另外，CP-ABE 方案需要对访问树所有叶结点进行计算，因此，相比较而言，OMD-ABE 方案计算代价大大降低。在解密阶段，FH-CP-ABE 方案需要对用户属性所满足的子访问树解密，因此还需要计算相应子树的密钥；CP-ABE 方案需要对密文包含的属性进行双线性运算，OMD-ABE 方案的解密计算过程与 CP-ABE 方案类似，但是也仅需考虑本地存储部分。

表 4-2　计算代价比较

算法	CP-ABE[40]	FH-CP-ABE[61]	OMD-ABE
初始化	$2E+e$	$2E+e$	$2E+e$
密钥产生	$\left(3\sum_{i=1}^{n}\lvert n_i\rvert+1\right)E$	$\left(3\sum_{i=1}^{n}\lvert n_i\rvert+2\right)E$	$\left(3\sum_{i=1}^{n}\lvert n_i\rvert+1\right)E$
加密	$(2A_c+1)E+e$	$(A_{att}-A_c)(3e+E)+2A_cE$	$(2A_{PA}+1)E+e$
解密	$2A_ce$	$3A_ce+4E$	$2A_ce$

4. 验证结果

下面通过具体实例来运行加密解密过程。访问结构为医院 1 AND 护士 AND 上班，某护士具有的属性为医院 2 AND 护士 AND 不上班，不满足访问策略，不能访问患者数据。程序运行结果如图 4-4 所示。

图 4-4　运行结果

为了对比加密和解密过程的效率，本书在相同运行环境下分别对 CP-ABE 方案[40]、FH-CP-ABE 方案[61] 及 OMD-ABE 方案进行仿真。图 4-5 为随属性数目的不同三种方案的本地端加密时间对比。由于本地与外包加密及解密过程相同，因此，本地端效率也代表了外包过程的效率。FH-CP-ABE 方案将多个层次化的访问结构整合为一个访问结构，这样，多个文件仅需一个访问结构加密，而不需要用每个文件对应的访问结构分别加密。与 FH-CP-ABE 方案相比，本方案具有以下几个优点：第一，随着文件数量的增多，访问结构中属性数目必然增大，当用户仅需访问一个小分支对应的密文时，不需要用系统中全部属性加密。第二，随着访问结构的增多，将系统所有访问结构整合在一起，不会引起结构不清晰问题。例如，当一个属性属于多个访问结构时，对一个文件的加密则需要多个访问结构。第三，当访问结构与被整合的访问结构不一致时，不需要加入一个新的访问结构。从图 4-5 可以看出，OMD-ABE 方案的加密时间比其他两种方案短，原因在于加密过程大部分由外包服务完成，本地端只需完成存储在本地访问结构的相关加密，而 CP-ABE 方案的整个加密过程都在本地进行，FH-CP-ABE 方案将多个访问树整合为一个，当用户仅需要访问部分访问树时，也必须通过整合后的访问树加密。

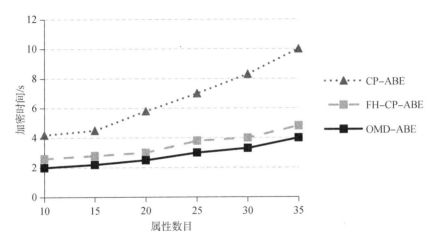

图 4-5　加密时间随属性数目的变化

图 4-6 显示解密时间随属性数目的变化，从图中可以看出，OMD-ABE 方案解密时间比 CP-ABE 方案短，与 FH-CP-ABE 方案大致相同。当用户需要解密数据时，由于 FH-CP-ABE 方案已整合为一个访问结构，这样，无论数据多少都需要考察系统中全部属性解密，引起解密代价增加，例如，数据仅满足访问树一小分支时，也必须将整个访问树用来解密。

图 4-7 显示属性数目相同而访问树层次不同的情况下解密时间对比，从图中可以看出，在属性数目相同的情况下访问树层次的变化对其影响不大，主要原因在于解密过程与属性相关，访问树层次则体现判断是否满足访问树需要遍历的深度，与双线性映射相比，其时间花费小。

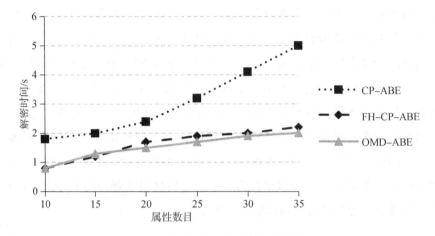

图 4-6　解密时间随属性数目的变化

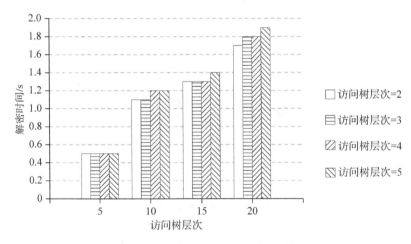

图 4-7　用户解密时间随访问树层次的变化

4.5.3　安全性分析

（1）外包数据的机密性。访问树分为两部分，一部分在外包服务，另一部分在患者。OMD-ABE 方案仅将部分访问结构存放于外包服务器，当用户访问数据时，还需要从数据所有者端得到另一部分访问结构，因此，外包服务器不可能得到访问权限并访问数据。

（2）OMD-ABE 方案能够抵抗合谋攻击。在 OMD-ABE 方案中，每个属性都与一个随机数相关。对于每位用户，所有私钥都基于随机数产生。外包服务中密文的多项式由随机数设置，因此，即使用户联合，也不能解密外包数据部分。所以，多用户联合解密密文是不可能的。

（3）OMD-ABE 方案对选择密文攻击是安全的。

首先，定义一种安全游戏如下。

初始化：敌手向挑战者提交希望被挑战的属性集 γ。

建立：挑战者运行 setup 算法并将公钥 PK 交给敌手。

阶段 1：敌手允许询问访问树 T_i 的解密密钥，且对于任意 i，$\gamma \notin T_i$。

挑战：敌手提交两条等长的消息 M_0 和 M_1。挑战者随机抛币，抛币结果为 $b \in \{0,1\}$，并用属性集 γ 加密 M_b 交给挑战者。

阶段 2：重复阶段 1。

猜测：敌手输出 b 的猜测 b'。

敌手 Attack 在此游戏中获胜的概率为 $\Pr[b'=b] - 1/2$。

定理：如果攻击者能在选择性游戏中获胜，则模拟器能以不可忽略的优势来赢得游戏。

证明：下面通过挑战者与攻击者的安全游戏证明 OMD-ABE 方案的安全定义。

初始化：假设存在攻击者 Attack 选择属性集 ATT 攻破此模型。模拟器 B 获得挑战属性集 ATT 并向 Attack 发送公钥 PK：$\{g, h=g^\beta, f=g^{1/\beta}, e(g,g)^\alpha\}$。

阶段 1：在此阶段，Attack 反复地通过属性集 ATT 请求私钥。外包服务器给予 Attack 两个不同的私钥

$$\text{SK}:(D = g^{(\alpha+\gamma)/\beta}, \forall j \in W: D_j = g^r \cdot H(j)^{r_j}, D'_j = g^{r_j})$$

$$\text{SK}':(D = g^{(\alpha+\gamma')/\beta}, \forall j \in W: D_j = g^{r'} \cdot H(j)^{r'_j}, D'_j = g^{r'_j})$$

其中，j 是 ATT 中的一个属性，r、r'、r_j、r'_j 是 $\mathbf{Z}_p$ 中的随机数。

挑战：攻击者 Attack 向挑战者提交两条消息 M_0、M_1，以及访问树 T，且 ATT 不能满足访问树 T。挑战者 B 执行抛币游戏，$\mu = \{0,1\}$，并在访问树 T 加密 M_μ，产生密文如下：

$$\text{CT}^* = (T, C'=M_b \cdot e(g,g)^{\alpha s}, C=h_1^s, C'=h_2^s, \forall y \in Y: C_y = g^{q_y(0)})$$

$$(4-5)$$

挑战者向 Attack 返回 CT^*。

阶段 2：Attack 继续询问属性不满足访问树 T 的私钥。

猜测：Attack 输出 μ 的猜测 μ'，当 $\mu = \mu'$ 时，B 输出 $\mu' = 0$ 来表示它被赋予 $(A,B,C,Z) = (g^a, g^b, g^c, e(g,g)^{abc})$；否则，输出 $\mu' = 1$ 表示它被赋予 $(A, B,C,Z) = (g^a, g^b, g^c, e(g,g)^z)$。

当 $\mu' = 1$ 时，敌手无法得到任何信息，$\Pr[\mu' \neq \mu | \mu = 1] = 1/2$。

当 $\mu' = 0$ 时，敌手得到 M_μ 的加密信息。在此情况下敌手的优势是 ε，则 $\Pr[\mu' \neq \mu | \mu = 1] = 1/2 + \varepsilon$。

因此，模拟器在 DBDH 游戏中的整体优势为

$$
\begin{aligned}
&\frac{1}{2}\Pr[\mu' = \mu \mid \mu = 0] + \frac{1}{2}\Pr[\mu' = \mu \mid \mu = 1] - \frac{1}{2} \\
&= \frac{1}{2}\left(\frac{1}{2} + \varepsilon\right) + \frac{1}{2} \times \frac{1}{2} - \frac{1}{2} \qquad\qquad (4-6) \\
&= \frac{1}{2}\varepsilon
\end{aligned}
$$

4.5.4 存储分析

表 4-3 为根据公钥、主密钥、私钥及密文的存储空间大小对 OMD-ABE 及 CP-ABE[40] 和 FH-CP-ABE[61] 方案的比较。在初始化阶段，OMD-ABE 方案的公钥比 FH-CP-ABE 方案和 CP-ABE 方案简单，因此比其他两种方案少 2 个 G_1 的长度。在密钥产生阶段，OMD-ABE 方案的密钥与其他两种相差不多，但是 FH-CP-ABE 方案还需生成一个总密钥。对于加密后的密文来说，FH-CP-ABE 方案和 CP-ABE 方案都需要存储访问树，而且 FH-CP-ABE 方案的访问树是多个访问树的合成，且还包括了由树中叶结点和中间结点产生相应不同内容组成密文不同部分，而 OMD-ABE 方案的密文只考虑存储在本地的部分。由于只涉及本地访问树部分的叶结点，因而密文长度明显比其他两种方案小。

表 4-3　存储代价比较

方案	CP-ABE[40]	FH-CP-ABE[61]	OMD-ABE
公钥	$6CL_1$	$6CL_1$	$4CL_1$
密钥	$(n_u+1)CL_1+CL_1$	$(n_u+1)CL_1+CL_1$	$(n_u+1)CL_1+CL_1$
密文	$(\mid M\mid+1)CL_1+2A_{PA}CL_1+CL_1$	$A_cCL_T+CL_1+CL_p$	$(\mid M\mid+1)CL_1+2A_{PA}CL_1(本地)$

4.6　本章小结

　　本章针对医疗数据转移到外包服务所产生医疗数据不受患者控制的问题提出支持安全外包的医疗数据 ABE 方案。首先，医疗数据分为不同的部分，细化了用户访问的数据；其次，为了充分利用外包服务的资源，又保证医疗数据不被外包服务控制，将访问树分为两部分，一部分由外包服务器管理，另一部分由本地管理；再次，拓展 CP-ABE 方案，分类的数据分别加密，存储于外包服务器数据的访问树分为两部分管理；最后，算法的理论分析和原型验证结果表明该方案保证了用户访问的机密性，能够抵抗合谋攻击和选择密文攻击，与现有方案相比，不仅在存储和计算性能方面具有优势，而且提高了加密解密的效率。

第 5 章 分层的可检索加密方案

5.1 引　言

随着云计算的快速发展，其便捷、经济等优点促使越来越多的用户选择将数据存储在云服务器上，以减轻本地存储和计算的代价并降低维护开销。亚马逊、微软、谷歌、百度都提供大数据云服务。例如，许多医疗服务提供者选择电子医疗系统记录病情并将其存储于云服务器，微软公司提供了个人健康管理服务平台（Health Vaul）[109]。然而，由于数据包含数据所有者的各种信息，缺乏足够的安全属性会导致所有者隐私的泄露，而云服务器并不完全可信，因此安全和隐私成为数据保护的重要内容。鉴于数据的高价值，第三方存储往往是各种恶意行为的目标，因此，访问第三方数据的用户必须严格限制为授权用户，以防止非授权用户访问而泄露患者隐私。另外，由于云平台具有"半可信"的特点，为了减轻对外包服务器的安全性依赖，通常采用的方法是将数据加密后上传于云平台。然而，如何高效并安全地对加密后的数据检索便成为亟待解决的问题。由于云服务器上储存的数据是密文数据，用户无法按照传统的明文检索方法进行检索操作[110]。虽然加密机制能在一定程度上保护云数据的安全性和隐私性，然而，如何对加密的数据实行有效且安全的检索成为一个新的挑战[111]。

5.2 相关研究

可检索加密技术（Searchable Encryption，SE）将加密数据视为文件并允许用户对关键词检索。在整个检索过程中，服务器并不知晓查询结果，这使得用户具有对密文的检索能力。这种方式不仅有效保护了用户的个人隐私，而且检索效率也在服务器的帮助下大大提升。数据所有者将数据加密并对关键字建立索引后上传于云服务器，用户检索时向服务器提交包含检索关键词的陷门，服务器通过检查两者匹配与否来决定是否返回检索结果。2000 年，宋（Song）等首次提出可检索加密的概念并设计检索全文的可检索加密方案[112]，开创了用户对密文进行关键词检索的先河。现有的许多方案都采用与其类似的结构[113-116]。目前，可检索加密方案分为对称可检索加密（Symmetric Searchable Encryption，SSE）及非对称可检索加密（Asymmetric Searchable Encryption，ASE）。非对称加密算法又主要分为公钥加密检索、属性基加密检索及代理重加密检索[117]。可检索加密的过程如图 5-1 所示，主要分为以下四步。

图 5-1　可检索加密过程

（1）文件加密：用户首先对将要上传的文件进行加密，同时使用密钥对文件关键词加密，并将二者上传到服务器。

（2）陷门生成：用户使用密钥对待查询的关键词生成陷门，发送给云服务器。陷门不会泄露关于关键词的相关信息。

（3）查询检索：云服务器对用户提交的陷门和上传文件的索引表进行匹配检索，返回包含陷门关键词的密文文件。

（4）文件解密：用户使用解密密钥对云服务器返回的密文文件进行解密。

对称可检索加密算法采用对称密钥来完成，其优点是运算效率高，但是安全性低，其可描述为 5 元组 SEE，SSE =（keyGen，Enc，GTrap，Search，Dec）。

（1）KeyGen(k)：输入随机安全参数 k，输出密钥 K；

（2）Enc：输入密钥 K 和明文集合 $M = \{m_1, m_2, \cdots, m_n\}$，输出加密索引 I 和密文集合 $CT = \{m'_1, m'_2, \cdots, m'_n\}$；

（3）GTrap：输入密钥 K 和待查询关键词，输出关键词陷门 T_r，并将生成的陷门发送到云服务器；

（4）Search：输入加密索引 I 和关键词陷门 T_r，输入由包含查询关键词文件的标识符构成的集合；

（5）Dec：输入对称密钥和加密密文，输出相应的明文。

非对称可检索加密算法由用户生成公钥及私钥，数据所有者通过公钥加密数据，并将加密后的数据发送到云服务器。用户通过私钥生成服务器陷门，用于关键词查询，服务器检查陷门是否匹配，并将检索结果返回用户，用户再用私钥解密数据。下面将非对称加密检索算法描述为四元组（Gen，Enc，GTrap，Search）。

（1）KeyGen(k)：k 为随机安全参数，用户输出密钥对 $K=(K_{pub},K_{pri})$；

（2）Enc：输入公钥 K_{pub} 和关键词 W，输出加密索引 I；

（3）GTrap：输入用户的私钥 K_{pri} 和查询关键词，输出关键字陷门 T_r，并将陷门发送到云服务器；

（4）Search：输入公钥 K_{pub}、关键词陷门 T_r 及待检索关键词 w，服务器根据算法进行匹配，若匹配成功，则将结果发送给用户。

现有的属性基加密（Attribute-based Encryption，ABE）技术可以实现用户对数据细粒度的安全访问控制。属性基加密体制实现了"一对多"的加密方式，用户只有具有数据所有者定义的属性才能访问数据。ABE 分为密文策略的属性基加密（Ciphertext-policy Attribute-based Encryption，CP-ABE）和密钥策略的属性基加密（Key Policy Attribute-based Encryption，KP-ABE）。其中，CP-ABE 允许数据所有者制定访问策略以决定允许哪些用户访问密文数据，在实际应用场景中更具可扩展性。

2010 年，邵（Shao）等首先提出一种新的可代理重加密关键词检索（Proxy Re-encryption with Keyword Search，PRKS），并构造了一种 PRKS 方案，该方案在随机预言机模型下可被证明安全[118]。2012 年，徐（Xu）等提出一种能抵御关键词猜测攻击的模糊关键词公钥可检索加密方案（Publickey Encryption with Fuzzy Keyword Search，PEFKS）。该方案将检索过程分为两步，首先在服务器上进行模糊检索，其次在本地执行精确匹配检索。由于攻击者无法获取精确的搜索陷门，因此该方案能有效抵御关键词猜测攻击[119]。2014 年，卡德尔（Khader）将 CP-ABE 与可检索加密相结合进行用户权限控制，提出基于属性可检索加密（Attribute-based Searchable Encryption，ABSE）方案[120]，在该方案中，用户的属性满足访问策略时能够检索相应的关键字，并且讨论了 ABSE 方案的安全性。郑（Zheng）等提出可证实的基于属性关键字检索加密方案 VABKS，该方案允许用户验证云是否真实地执行检索操作并返回真实结果[121]。接着，许多学者从不同方面扩展 ABSE 功能。在查询语句的语义表达方面，文献［122］［123］将检索关键字查询从精确扩展到模糊，文献［124］将检索表达式从单一扩展到复杂，使得检索能力大大加强。2016 年，李（Rhee）等提出一种支持关键词更新的 KU-PEKS（Keyword Updatable PEKS）方案。该方案中，标记后的关键词能够根据用户的请求而更新[125]。2017 年，为了克服单个代理及机构可能存在的效率和存储性限制，文献［126］提出提高运算效率的方案。2019年，苗（Miao）等分别利用 CP-ABE 提出用多个权力机构分配用户属性，确保了云存储的可靠性并提高其效率[127]。2020 年，迟（Chi）等通过 Diffie-Hellman 密钥协议在数据所有者和用户之间产生共享密钥，共享密钥用于数据所有者加密关键词及用户产生检索陷门，在多用户环境下可以抵御内部关键词猜测攻击[128]。

然而，基于 ABE 的可检索加密技术仍然存在局限性，当用户属性发生变化时，便不具备访问数据的权限。如果不及时更新其访问权限，该用户仍会用旧密钥获得私密数据，造成数据泄露[129-130]。目前，已有许多学者用不同方法来解决此问题，总体分为以下三类。

（1）代理重加密方法。于（Yu）等利用代理重加密方法实现用户撤销，但是该方案仅支持访问结构为"AND"的策略，密钥分发机构需要重新产生所有包含代理关键字的密钥[70]。孙（Sun）等利用 CP-ABE 和代理重加密技术实现了文件级别的访问授权且支持用户的属性撤销，但该方案每次属性更新与系统中属性数量相关，造成大量的计算开销[123]。刘建华等采用属性基加密方法实现了密文检索。并且为了减轻数据所有者负担，也采用了代理重加密方案[2]。冯朝胜等提出支持单向性、非交互性、可重复性、可控性和可验证性的 CP-ABE 代理重加密方案，在降低计算开销的同时，还可以抵御选择明文攻击[131]。

（2）定期更新密钥方法。文献［131］和［64］通过定期中止或更新密钥来控制用户访问权限，这类方法的缺点是计算及存储代价较高，且效率低。

（3）不同级别属性撤销。通过不同级别的撤销（例如文件或属性）来实现对用户访问权限的控制。例如，李（Li）等利用分层谓词加密技术提出了支持授权关键字的可检索加密方案，实现了文件级别的授权和属性撤销，但是该方案只支持结构化数据，且检索时间与系统关键字个数成正比[132]。钱（Qian）等提出支持属性撤销的数据共享方案，但该方案不支持关键字查询[133]。

针对现有的可检索加密方案用户撤销需要更新整个密文、计算任务繁重的问题，本章提出一种分层的加密检索方案，访问树被划分为不同部分，密文索引用不同部分加密，当用户满足访问树不同部分时，可以解密用这部分加密的索引，而无须解密整个访问树，提高了解密效率。

5.3　系统模型

5.3.1　分层的访问树

分层的属性基加密（HCP-ABE）是在独立的访问结构中插入分层的访问结构。设 T 为分层的访问树。用文献［134］的方法将访问树中的结点表示为 (x,y)，x 表示 T 中结点的行，y 表示结点 x 在 T 中的列。当 (x,y) 是非叶结点时，表示阈门，例如，"与""或"。其他函数定义如下：$\text{num}_{(x,y)}$ 是结点 (x,y) 的子结点数量，$k_{(x,y)}$ 为其阈值，其中 $0<\text{num}_{(x,y)} \leqslant k_{(x,y)}$。当 $k_{(x,y)}=1$ 且 (x,y) 为非叶结点时，阈门为"或"；当 $k_x=\text{num}_x$ 且 (x,y) 为非叶结点时，阈门为"与"。当 (x,y) 为叶结点时，$k_{(x,y)}=1$，$\text{att}(x,y)$ 为与叶结点相关的属性。

分层的文件由分层的访问结构加密[135]，图 5-2 表示 HCP-ABE 的一个示例。T 是访问树，由三个访问树 T_1、T_2 和 T_3 组成。当用户需要检索数据时，用关键字产生陷门，当且仅当用户的属性满足用于加密索引的访问树时，用户即可得到结果，在检索过程中，仅需检索相应的访问树即可。

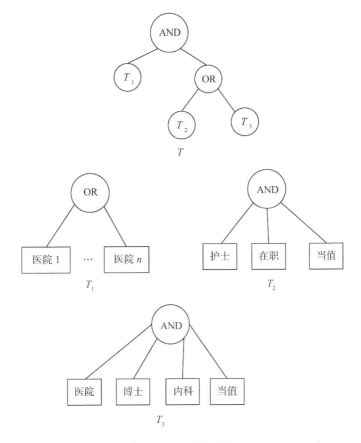

图 5-2 合成访问树

5.3.2 系统模型

本系统模型包含三个组成部分：数据所有者、用户、云服务器及管理服务器，如图 5-3 所示。

数据所有者：拥有信息的人，例如，一位病人加密其医疗数据后存储在云服务器上，同时希望其隐私得到保护。数据所有者采用 HCP-ABE 加密方法对已加密数据的关键词索引生成访问树并将其传送到云服务器。

用户：对加密的数据进行检索，通过其具有的属性产生关键词陷门，当且仅当其具有的属性满足访问树时，云服务器向用户返回检索结果。例如，当医生需要查看同类病情病人的病历时，服务器应当提供数据检索操作。

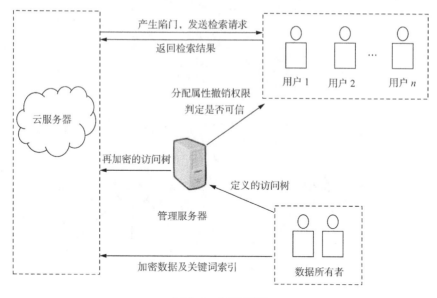

图 5-3　系统模型

云服务器：存储多个数据所有者加密的数据并为用户提供检索操作，当且仅当用户关于陷门的属性满足加密文件的访问策略时，云服务器能够返回相应的加密数据。

管理服务器：为用户分配属性，存储数据所有者定义的访问树，并将其再次加密后向云服务器提交。当管理服务器对用户信任评价为不可信时，需要及时撤销该用户的访问权限，防止数据泄露引起隐私暴露问题。

交互过程描述如下：首先，数据所有者将文件加密并生成文件关键词的索引，关键词索引采用 HCP-ABE 访问策略加密；其次，将加密后的文件及加密后的关键字索引传送到云服务器，用户用其生成关键词陷门，并且陷门不能泄露关键字的任何信息，云服务器将陷门作为输入，通过陷门与访问树中某一分支匹配与否来判断用户是否可以解密密文；最后，当用户的关键字陷门满足访问树中某一分支时，该用户可以解密这一分支加密的密文。

5.3.3　安全模型

这里认为云服务器是"半可信"的，即云服务器遵守规定的协议，但又要尽可能地获取更多的隐私信息，并且，非法用户会联合起来用他们的密钥获取文件。敌手允许询问外包的私钥及用户陷门，敌手的目标是获取任何关于密文及关键词的有用信息。

5.4　本章小结

本章针对数据加密检索提出了一种分层的访问树检索方案。该方案将访问树分为不同子访问树，在数据加密时，可以按照不同分支分别加密。在用户检索时，也不必对整个访问树检索，只需要检索满足条件的相应分支，提高了加密及检索访问的效率。

第6章 用户行为信任评估

大数据时代对用户行为评估是进行有效分析的基础。通过用户行为，可以对系统安全情况做出评测，也可以依据用户以往行为来推荐相关内容。本章根据用户历史行为，采用集值统计度量方法对系统安全等级做出评价。本章组织结构安排如下：首先介绍用户行为信任评估相关内容，具体包括：用户行为信任评估相关研究、评估过程、行为数据的评估结构、行为数据的规范化；设计了基于集值统计动态多维用户行为信任评估算法，并对算法进行仿真实验，对结果进行分析。

6.1 引 言

云的大规模发展使得用户处于一种开放、分布式的环境，用户可以更多地进行资源共享和交互协作。用户访问网络的各种行为，包括时空行为、流量行为和需求行为是影响数据隐私保护的一大因素[136]，传统的安全机制例如身份认证、访问控制可以解决用户的静态管理问题，但不能解决用户的行为信任问题。当用户访问医疗数据时，可以取得合法的身份登录访问，而他的行为却有可能是不可信的。例如，用户频繁访问某位患者的医疗数据时，表明该用户存在风险，如何根据用户的历史行为决定用户的信任等级是动态信任管理的一个问题。研究动态信任管理技术对确保网络的可靠运行、资源的安全共享和可信利用，具有重要的现实意义[137]。

为了提前发现可疑用户，需要判断用户历史行为是否可信。集值统计度量算法可以计算用户历史行为可信度，从而评判用户行为信任等级，并根据信任等级决定用户的访问资格，达到隐私保护的目的。这种方法与已有用户行为评判的方法相比，具有以下优点：第一，证据的收集在用户行为过程中进行，改变了以往对行为结果进行评价的方法；第二，行为数据值由"单点"扩大为值域，因为值域可以反映行为证据的长期情况，使评估结果不会随着用户某一时刻证据值的变化而产生误差，充分体现了数据的意义。研究用户行为信任问题主要包括用户历史行为的信任评估、未来行为信任的预测、实时行为信任的监控，其中用户历史行为的信任评估是基础，未来行为信任的预测是目的。由于用户历史行为的信任评估是基于历史交往的行为证据之上的，而且它是一种动态的信任形式，因此，根据用户历史行为对未来行为进行评判更具有挑战性。

通过集值统计度量算法对用户历史行为的信任评估来预测用户行为等级，可以及时发现可疑用户，起到及时阻止可疑用户访问的作用，达到对数据隐私保护的目的。

6.2　相关研究

当 WBANs 传输的数据包含个人信息及一些敏感数据时，提前发现行为异常的用户对保证系统的安全性有重要意义[107]。为了客观判断用户的可信状态，需要研究动态信任管理技术，因为传统的静态安全机制不能完全满足需求。动态信任管理是在原有网络安全技术的基础上增加行为可信的安全新方法，强化了对网络的动态处理。在 WBANs 多用户动态环境下，第三方集中存储了大量重要数据，而用户可以直接使用和操作外包服务提供商的软件、操作系统甚至网络基础设施，因此用户的恶意访问行为对第三方资源和其他用户的破坏力比传统的系统环境下要大得多[137]。及时发现可疑用户是安全的重要保障，通过对用户历史行为的评估可以预测用户的信任程度并判别用户是否可以访问数据。

6.2.1　用户行为信任评估研究现状

国内外很多学者在信任评估方面进行了大量研究，并建立了多种数学模型。2014 年，林（Lin）等提出一种云环境下基于访问控制的互相信任模型，该模型考虑了用户行为和云服务商结点的信任，信任关系建立在两者之间，解决了云环境下访问控制的安全性问题[138]。2015 年，侯赛尼（Hosseini）等提出一种基于用户识别码和 MAC 地址的可信判定方法，该方法考虑到用户的历史行为的评分，有助于发现恶意用户及用户的消极行为[139]。同年，马（Ma）等改进了间接可信度的计算方法，并与以往提出的基于层次分析法的用户行为评价方法结合，能够适应用户行为的动态变化并准确计算用户行为可信度[140]。郑（Jung）等提出的方案不仅解决了数据访问的特权问题，还解决了用户身份隐私性[141]。2016 年，李（Li）等提出云存储环境下多授权机构的 CP-ABE 访问控制方案[142]。2017 年，杨（Yang）等研究了基于行为数据分析的用户行为可信的影响因素，并讨论了用户行为可信评价指标[143]。

国内方面，2010 年，田立勤等提出一种双滑动窗口的行为信任量化评估策略[144]，利用滑动窗口来体现用户行为信任评估的时间和空间特性。该方法基于行为证据，但由于网络具有不确定性特征，用经典数学理论度量实体之间的关系还不够完善。2013 年，陆悠等引入粗糙集理论，构建一种用户动态行为的评估方法，可以量化用户行为对网络状态的影响[145]。2015 年，谭跃生等提出一种基于相对熵的组合赋权法计算用户行为信任评估值，可以分析用户不可信行为和异常行为[146]。2016 年，田立勤等提出从主观和客观两方面分别计算并结合的信任评估模型，可以更精确地计算用户行为信任评估值，判断用户行为可靠性[147]。

6.2.2　用户行为信任评估面临的挑战

由于用户行为的动态信任管理提出的时间不长，相关理论和技术问题缺乏统一规则，如何对用户进行鉴别是一个待解决的问题。目前，现有机制存在以下问题。

（1）忽略了对用户行为过程中行为证据的分析。人们通常根据用户行为所产生的结果对用户进行评价[148-149]，而用户行为过程中的行为证据也是判断用户是否可信的因素，因为它可以产生对用户历史行为的直接分析。

（2）各种证据值唯一确定。在某个时间获取的证据值是"单点"的，往往不能反映证据的长期情况，极易导致评估结果随用户行为的变化而产生误差，因此，应该考虑将证据值由"单点"扩大为"值域"。

6.3　系统模型

对用户行为进行动态信任评估时，需要综合考察影响信任的行为数据。将行为数据进行分类，并在信任评估中，收集用户历史行为数据，根据其以往行为证据实现对信任度的计算，从而提前发现可疑用户。因此，如何充分利用历史行为数据对用户行为进行预测是信任判断的核心工作[150]。在外包环境下，对用户历史行为综合评估，可建立用户行为信任等级体系，并根据用户信任等级为其动态分配服务等级，以实现对访问过程的安全监管与控制。同时，通过对用户信任状态的监测，可以及时阻止恶意用户的访问。

6.3.1　用户行为信任评估过程

多用户开放环境下的动态信任评估综合考察影响信任行为数据，并针对行为的多个数据综合评估。在用户信任评估中，收集用户的各种历史行为数据，通过计算行为数据信任度，最终得到用户行为的信任评估值。

行为数据是指可直接根据软硬件检测获得的用来定量评估用户行为数据信任度的基础数值，是用户行为的具体表现形式[146]。获得多方位、全面、可采集的行为证据是用户行为评估的基础。当用户发出访问申请时，属性机构首先根据收集到的用户历史行为数据，通过计算其信任值，预测其行为等级。当其行为等级低于要求时，表明该用户是异常用户，在其访问数据过程中需要重点监控，当其行为等级高于或等于要求时，该用户为普通用户。

图 6-1 为本章提出的基于集值统计的用户行为评估模型，包括数据采

集、数据预处理、评估指标和用户总体行为评估 4 个模块。

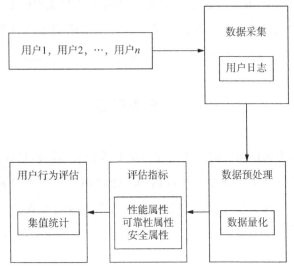

图 6-1　用户行为评估模型

（1）数据采集模块。该模块负责获取用户行为的原始数据，本书的获取方法主要为日志。

（2）数据预处理模块。为了统一各行为数据度量标准，需要对数据做规范化及统一标准处理。该模块负责对采集模块生成的原始数据进一步量化，量化方法为归一化处理。

（3）评估指标模块。根据性能属性、可靠性属性及安全属性的要求，从日志中获取表 6-1 所列出的各用户行为数据以满足计算用户行为信任度的需要。

表 6-1　信任评估行为表

属性	用户行为	异常表现	量化方法
性能属性	平均吞吐量	吞吐量高	归一化处理
	响应时间	响应时间长	归一化处理
	磁盘读取时间	读取时间长	归一化处理
	CPU 利用率	CPU 利用率低	归一化处理

属性	用户行为	异常表现	量化方法
可靠性属性	登录的 IP 地址	IP 地址不在规定网段	把 IP 地址转化为十进制数，取其均值作为中心点
	用户登录时间点	不在规定时间段登录	将时间转换成以小时为单位的数据，取均值为中心点
	连接建立成功率	成功率低	归一化处理
	用户访问次数	访问次数多	以访问一次为正常值，对数据归一化处理
	下载流量	流量大	数据归一化处理（流量大小与信任值的关系为反比，因此，数据归一化后再用 1 减去其相反数）
	登录失败率	多次登录失败	数据归一化处理（出错率大小与信任值的关系为反比，因此，数据归一化后再用 1 减去其相反数）
安全属性	用户非法连接次数	登录次数过多	数据归一化处理（登录数大小与信任值的关系为反比，因此，数据归一化后再用 1 减去其相反数）
	操作成功率	操作失败	数据归一化处理
	每秒尝试登录数	登录次数过多	数据归一化处理（登录数大小与信任值的关系为反比，因此，数据归一化后再用 1 减去其相反数）

（4）用户总体行为评估模块。该模块采用集值统计度量方法对采集到的用户行为数据进行计算得到评估值，根据式（6-4）所列评估标准判定用户行为等级，决定用户是否可信。

6.3.2　行为数据的信任评估结构

本章在文献［151］的基础上，建立一种信任行为评估的树状结构。首先分析行为的有关要素，将这些要素分类；其次对收集到的数据按其类别归类，形成一个层次化的结构；最终评估时，把系统分析归结为最底层数据的权重确定问题。这种树状结构可以清晰地反映用户的总体信任度与行为数据之间的逻辑关系，便于评估推理。

其中，TAE（Trust Action Evaluation）表示用户行为信任的总体评价值，是对用户行为综合信任的评估。AC_i 代表用户第 i 类行为数据，a_{ij} 是第 i 类行为数据中第 j 个原始采集点。用户行为评估模型如图 6-2 所示。

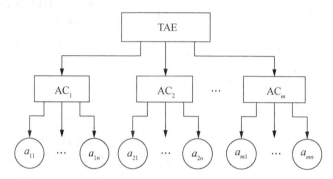

图 6-2　用户行为评估结构

定义 1：用户的行为数据描述 BDD（Behavior Data Description）可用如下矩阵规范化表示：

$$\text{BDD} = \begin{pmatrix} \text{AC}_1 & \text{AC}_2 & \text{AC}_3 & \cdots & \text{AC}_n \\ v_1 & v_2 & v_3 & \cdots & v_n \end{pmatrix} \qquad (6-1)$$

其中，AC_i 表示用户的第 i 个行为描述，v_i 是 AC_i 的权重值，并且满足 $\sum_{i=1}^{n} v_i = 1$。

定义 2：用户行为信任总体评价值为

$$\text{ME} = \sum_{i=1}^{m} u_i \times v_i \qquad (6-2)$$

其中，u_i 表示用户第 i 个行为的数据值，v_i 表示第 i 个行为数据的权重。

定义 3：用户行为信任评价等级。决策等级空间记为 T，表示为 $T = \{T_1, T_2, \cdots, T_n\}$，空间具有如下性质：$T_i \cap T_j = \varnothing (i \neq j)$，且 $T_1 < T_2 < \cdots < T_n$。设用户行为信任评价等级有 n 个划分 $L_1, L_2, \cdots, L_n$，L_1 最低，L_n 最高，信任等级与评价值的映射函数 F 定义为式（6-3）。

$$F(\text{ME}) = \begin{cases} L_n, & T_n \leq \text{ME} \leq 1 \\ L_{n-1}, & T_{n-1} \leq \text{ME} < T_n \\ \quad \vdots \\ L_1, & 0 \leq \text{ME} < T_1 \end{cases} \qquad (6-3)$$

如果度量值 $\mathrm{ME} \in \left[T_{i-1}, T_i \right]$，则称 ME 落在信任等级 L_i 内，其中 T_{i-1} 和 T_i 分别是信任等级 L_i 的下限值和上限值。

本书将决策等级空间 $T = \{0, 0.2, 0.4, 0.6, 0.8, 1\}$ 按照取值由低到高将信任等级分为五级：不可信、较不可信、一般可信、较为可信、非常可信，并通过式（6-4）的函数，将信任度量的浮点数转化为五个信任等级的有限域。

当用户行为评价结果在较不可信和不可信的范围内时，标记该用户为可疑用户；当评价结果在非常可信、较为可信及一般可信范围内时，则响应其属性分配要求。

$$F(\mathrm{ME}) = \begin{cases} \text{非常可信,} & 0.8 \leqslant \mathrm{ME} \leqslant 1 \\ \text{较为可信,} & 0.6 \leqslant \mathrm{ME} < 0.8 \\ \text{一般可信,} & 0.4 \leqslant \mathrm{ME} < 0.6 \\ \text{较不可信,} & 0.2 \leqslant \mathrm{ME} < 0.4 \\ \text{不可信,} & 0 \leqslant \mathrm{ME} < 0.2 \end{cases} \qquad (6-4)$$

6.3.3　行为数据规范化

假设用户行为的数量为 m，不同时间戳内用户行为值也不同，则在时间戳 s 内共有 s 组需要处理的行为数据，这 s 组数据中的每组数据称为一个样本。因此，共有 s 个样本待处理，在时间戳 i 内样本的行为集合表示为 $R = \{r_{i1}, r_{i2}, \cdots, r_{im}\}$，则在 s 个时间戳内的行为值可用矩阵表示为式（6-5）：

$$R = \begin{bmatrix} r_{11} & \cdots & r_{1m} \\ \vdots & \ddots & \vdots \\ r_{s1} & \cdots & r_{sm} \end{bmatrix} \qquad (6-5)$$

其中，$r_{i,j}$ 表示在时间戳 i 内的第 j 个行为数据值。

如果直接使用不同的度量尺寸表示这些行为数据，可能会使某些数据的结果被使用较大量度尺寸的数据削弱。因此，需要将所有数据值规范化来达到统一度量的结果，通过式（6-6）将所有数据规范化到 $[0,1]$ 之间，其中，$r'_{\max} = \max\{r_{ij}\}$，$r'_{\min} = \min\{r_{ij}\}$（$1 \leqslant j \leqslant m$）。

通过式（6-6）规范化后得到模糊矩阵表示式（6-7）。

$$\delta_{ij} = \begin{cases} \dfrac{r_{ij} - r_{min}^{j}}{r_{max}^{j} - r_{min}^{j}} \\[4mm] \dfrac{r_{min}^{j} - r_{ij}}{r_{max}^{j} - r_{min}^{j}} \end{cases} \qquad (6-6)$$

$$G = \begin{bmatrix} \delta_{11} & \cdots & \delta_{1m} \\ \vdots & \ddots & \vdots \\ \delta_{n1} & \cdots & \delta_{nm} \end{bmatrix} \qquad (6-7)$$

6.4 算法设计

集值统计是汪培庄提出的一种统计方法。在普通的概率统计试验中，每次得到的是相空间中一个确定的点，如果将这一条件放宽，每次试验所得到的是相空间的一个模糊子集，这种试验称为集值统计试验[152]。它是经典统计与模糊统计的推广，将评价对象的值确定一个范围，即子集，并由评价对象本身模糊性及动态量变化范围决定子集的大小。集值统计提供了一种新的定量化手段，相当于专家对某一评价指标给出一个区间估计值。在用户行为的评价中引入集值统计度量，将各种不同行为数据值规定在一定范围内统计，可以有效避免试验的偶然性。假设评审样本集为 X，指标集为 C，评审专家集为 S，对任一评审样本 $x(x \in X)$ 的任一指标 $c(c \in C)$，评审专家 $s(s \in S)$ 给出一个区间估计值，集值统计模型描述如下。

（1）每个专家对单个样本 x 的单个指标的统计。对于任一样本 x 的某一指标的评价，相应的评价范围记为 $[p(1),p(2)]$，第 k 个专家给出的评价区间记为 $[p_1^k(1),p_2^k(2)]$，且 $[p_1^k(1),p_2^k(2)] \subseteq [p(1),p(2)]$，将 n 个专家给出的这 n 个区间叠加，则形成覆盖在评价值上的一个分布，区间上任意一点的模糊覆盖率可用式（6-8）描述。

$$\bar{x}(p) = \frac{1}{n} \sum_{i=1}^{n} x_{[p_1^k, p_2^k]}(p) \qquad (6-8)$$

其中：

$$x_{[p_1^k, p_2^k]}(p) = \begin{cases} 1, & p_1^k \leqslant p \leqslant p_2^k \\ 0, & 其他 \end{cases}$$

称 $x_{[p_1^k,p_2^k]}(p)$ 为落影函数。

（2）多个专家对单个样本 x 的指标的综合评价值为式（6-9）

$$\bar{p} = \frac{\int_{p_i(\min)}^{p_i(\max)} p\overline{X}(p)\,\mathrm{d}p}{\int_{p_i(\min)}^{p_i(\max)} \overline{X}(p)\,\mathrm{d}p} \qquad (6-9)$$

$$p_i(\max) = \max\{p_{i1}^1, p_{i1}^2, \cdots, p_{i1}^n\}, \quad p_i(\min) = \min\{p_{i2}^1, p_{i2}^2, \cdots, p_{i2}^n\}$$

当数据为离散数据时，

$$\int_{p_i(\min)}^{p_i(\max)} p\overline{x}(p)\,\mathrm{d}p = \frac{1}{2n} \sum_{j=1}^{n} [(p_{i2}^j)^2 - (p_{i1}^j)^2] \qquad (6-10)$$

$$\int_{p_i(\min)}^{p_i(\max)} \overline{x}(p)\,\mathrm{d}p = \frac{1}{n} \sum_{j=1}^{n} (p_{i2}^j - p_{i1}^j) \qquad (6-11)$$

$$\bar{p}_i = \frac{1}{2} \sum_{j=1}^{n} [(p_{i2}^j)^2 - (p_{i1}^j)^2] \Big/ \sum_{j=1}^{n} (p_{i2}^j - p_{i1}^j) \qquad (6-12)$$

（3）全体评判专家对某一样本的综合评价值为

$$\bar{u} = [\bar{u}_1, \bar{u}_2, \cdots, \bar{u}_m] \qquad (6-13)$$

（4）选择合适的评判函数，计算综合评判值 $f([\bar{u}_1, \bar{u}_2, \cdots, \bar{u}_m])$。

对于用户的各种行为数据，首先在不同时间获取其数据值，则不同时间段获取的同一行为数据值是一个范围，称为评判子集，再利用集值统计来计算评判子集的落影。设在 n 个时间段内对 m 个行为数据进行评判，记第 i 个时间段内行为数据 j 的数据结果为 $[r_{ij}^l, r_{ij}^m]$（$1 \leqslant i \leqslant n, 1 \leqslant j \leqslant m$），表示第 i 个时间段内该行为数据的最低值和最高值，则第 i 个时间段对某行为数据的量化区间可以形成一个集值。

本书将极值统计度量方法引入用户信任评判，设计了用户行为信任的动态多维度量算法（Dynamic Multi-dimensional Calculated Algorithm, DMCA），算法描述如下：

算法 DMCA

输入：$[r_{ij}^l, r_{ij}^m]$ 时间段内 m 个用户行为数据值，以及 $s+1$ 时间段的各行为数据值 $\varphi_i(i=1,2,\cdots,m)$，

输出：行为数据预测值

①判断是否对所有行为数据值都完成计算，若完成转⑥，否则转②；

②对第 i 时间段内的第 j 属性来说，设它的值域为 $[\varphi_{ij}^l, \varphi_{ij}^m]$，则第 s 个时间段的所有用户行为数据值域为 $[\delta_{1j}^l, \delta_{1j}^m]$，$[\delta_{2j}^l, \delta_{2j}^m]$，$\cdots$，$[\delta_{nj}^l, \delta_{nj}^m]$，对第 $s+1$ 个时间段内的第 j 个属性来说，它的值域为 $[\varphi_{ij}^l, \varphi_{ij}^m]$；

③将输入的行为数据值分别利用式（6-6）规范化处理后得 $[\delta_{1j}^l, \delta_{1j}^m]$，$[\delta_{2j}^l, \delta_{2j}^m]$，$\cdots$，$[\delta_{nj}^l, \delta_{nj}^m]$；这一分布可用以下落影表示，它表示在 s 时间段内一个行为数据值对 r_j 的覆盖程度，$\bar{x}(u) = \dfrac{1}{n}\sum_{i=1}^{n} x_{[\delta_{ij}^l, \delta_{ij}^m]}(u)$，其中：

$$x_{[\delta_{ij}^l, \delta_{ij}^m]}(u) = \begin{cases} 1, & \delta_{ij}^l \leqslant u \leqslant \delta_{ij}^m \\ 0, & \text{其他} \end{cases} \tag{6-14}$$

$$u_i(\max) = \max_{1 \leqslant j \leqslant n}\{\delta_{ij}\}, u_i(\min) = \min_{1 \leqslant j \leqslant n}\{\delta_{ij}\}$$

④对单行为数据 x_j 的评价结果在连续情况下，有

$$\bar{u}_j = \dfrac{\displaystyle\int_{u_i(\min)}^{u_i(\max)} u\bar{x}(u)\,\mathrm{d}u}{\displaystyle\int_{u_i(\min)}^{u_i(\max)} \bar{x}(u)\,\mathrm{d}u} \tag{6-15}$$

在行为数据值离散情况下，则有

$$\int_{u_i(\min)}^{u_i(\max)} u\bar{x}(u)\,\mathrm{d}u = \dfrac{1}{2n}\sum_{j=1}^{n}\left[(\delta_{ij}^m)^2 - (\delta_{ij}^l)^2\right] \tag{6-16}$$

$$\int_{u_i(\min)}^{u_i(\max)} \bar{x}(u)\,\mathrm{d}u = \dfrac{1}{n}\sum_{j=1}^{n}(\delta_{ij}^m - \delta_{ij}^l) \tag{6-17}$$

$$\bar{u}_j = \dfrac{\dfrac{1}{2}\displaystyle\sum_{j=1}^{n}\left[(\delta_{ij}^m)^2 - (\delta_{ij}^l)^2\right]}{\displaystyle\sum_{j=1}^{n}(\delta_{ij}^m - \delta_{ij}^l)} \tag{6-18}$$

⑤将各因素所含信息量相对大小归一化处理确定权重分配：

$$v_j = \dfrac{\bar{u}_j}{\displaystyle\sum_{j=1}^{m} \bar{u}_j}, j = 1, 2, \cdots, m \tag{6-19}$$

⑥计算总体行为数据预测值 $P = \sum_{i=1}^{m} v_j \times \bar{u}_j$；

⑦根据预测值利用定义 3 判定该用户行为是否可信，以决定是否响应该用户请求；

⑧结束。

在以上算法中，第 2 步将数据值由点扩大为一个范围，第 3 步将用户行为数据规范化处理，并计算该数据的落影函数，第 4 步对数据用连续或离散的方法计算评价值，第 5 步计算不同行为数据的权重，第 6 步计算总体行为预测值。

6.5　仿真实验与结果分析

仿真试验通过 VC++6.0 实现以上算法，实验环境为：台式机、Windows 7 操作系统、Intel Core i5 CPU、2.40GHz、4.00GB 内存。

实验通过在服务器存放医疗数据，其他用户在不同客户机上访问该数据来仿真用户读取医疗数据的过程。存放的数据为 UCI 数据集中美国 130 家医院和综合传输网中 10 年（1999—2008 年）的临床护理数据，包含了 101766 名患者的患者序号、种族、性别、年龄、住院时间、科室、各种用药等 50 个特征及出院结果[73]。实验采用读取和下载两种访问方式采集服务器日志中访问该数据的部分用户行为。

综合文献 [144][146][150] 所列用户行为指标集，去除一些无关和难以采集的指标，本实验采集表 6-1 所列的用户行为。根据文献 [153] 的结论，表 6-1 所列的行为数据较全面地反映用户行为，可以满足计算信任度的需要。所有数据都需要规范化处理，处理方法为表 6-1 中的规范化方法。为了检验算法的有效性，分别采集正常用户及异常用户的行为数据。对于正常行为的用户，设定每隔 10 秒获取一次行为数据值，共采集 300 次数据，分为 20 组，观察算法的预测准确性。对登录的 IP 地址、登录时间点、连接成功率、用户访问次数、下载流量、登录失败出错率及每秒尝试登录数这 7 项用户行为进行异常操作，观察算法对异常用户的识别能力。实验重复进行 20 次，对其结果取平均值。

6.5.1　实验方法

1. 准确度

准确度反映了预测值与真实值之间的偏差，准确度越高，偏差越小；

反之，准确度越低，偏差越大。通过计算第 n 时间段内各行为数据的数值来预测第 $n+1$ 时间段的预测值，记为 p_i；将第 $n+1$ 时间段内各行为数据的实际值记为 f_i。采用平均绝对偏差（Mean Absolute Error，MAE）来衡量预测准确性：

$$MAE = \frac{1}{n} \sum_{i=1}^{n} |p_i - f_i| \qquad (6-20)$$

MAE 用来衡量整个预测周期内每次预测值与实际值的绝对误差平均值。MAE 方法将各个误差的绝对值取平均，对所有的偏差，根据其大小公平对待。由于 MAE 用来衡量模型测定结果对平均值的偏离程度，它的值越趋近于 0，预测结果的准确度越高。

2. 异常用户漏报率

当异常行为发生时，信任值应该随之降低。设采集异常行为用户数量为 AN，被识别为异常行为用户的数目为 AN′，被正确识别为异常行为用户的数目为 ANC，普通用户数为 N，采用异常用户漏报率 FN（False Negative）及正常用户误报率 FP（False Positive）来识别对异常行为的识别能力。按照式（6-4），规定较不可信及不可信用户为异常用户，即计算结果为 0.4 以下的用户为异常用户。异常用户漏报率为

$$FN = \frac{AN - ANC}{AN} \qquad (6-21)$$

上式表示采集的异常行为用户中没有被识别出的比例。

3. 正常用户误报率

正常用户误报率为

$$FP = \frac{AN' - ANC}{N} \qquad (6-22)$$

上式表示普通用户被识别为异常用户的比例。

6.5.2 实验结果与分析

分别采用 AHP 层次分析法、RTM（Rough Trust Model）[154] 算法作为对照，观察与 DMCA 算法在相同输入的训练样本情况下两种算法的 MAE 的结果对比，图 6-3 为三种算法的实验结果，实验中输入的训练样本总数为

$n(0<n<200)$。根据计算结果，在样本数为 20 时，用 DMCA 方法 MAE 计算结果为 0.062，而 RTM 方法的结果为 0.131，AHP 方法的结果为 0.168。三种评测方法中，DMCA 方法的计算结果明显好于 RTM 方法和 AHP 方法，原因在于 DMCA 方法信任评估值计算及评估指标能够根据用户上一时间段的行为数据动态分析并随时调整，而 AHP 方法和 RTM 方法信任值计算评估指标固定，无法随用户行为变化而动态调整，因此 DMCA 方法预测更加准确。另外，从图 6-3 中可以看出，曲线在样本数少于 40 时波动较大，但随着样本数增加，曲线趋于稳定，当大量输入样本时，三种曲线接近平行，表明实验样本数目增加到一定程度后，随着样本数目的增加，性能并不能显著地提高。

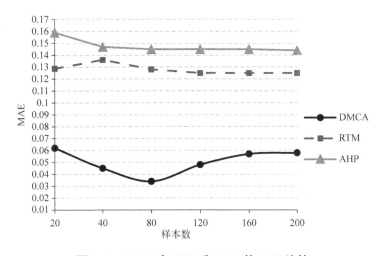

图 6-3 DMCA 与 RTM 和 AHP 的 MAE 比较

表 6-2 为进行 5 次异常行为的用户行为评估结果，按照式（6-4）规定，评估结果在 0.4 以下的用户为异常用户，从表 6-2 可以看出，DMCA 算法对异常行为用户的漏报率在 10% 以下，可以有效评估出存在异常行为的用户。另外，从表 6-3 可以看出，DMCA 算法对正常行为用户的误报率达到 5% 以下，表明算法基本能够正确评估出正常用户。图 6-4 和图 6-5 分别为用户异常行为漏报率及正常行为误报率结果比较，同样选择 AHP 层次分析法、RTM 算法作为对照，可以看出，DMCA 算法在样本数较少时就能快速检测出异常用户，说明算法的反应灵敏度高，并且 DMCA 算法在误报率上比其他两种算法低。虽然在用户数为 10 时，DMCA 算法误报率比 RTM 算

法高，但随样本数增加，DMCA 算法的漏报率逐渐比其他两种算法降低。这些说明 DMCA 算法的异常用户漏报率及正常用户误报率的总体评估结果比其他两种算法好。

表 6-2　异常用户漏报率

异常行为用户数	识别出的用户数	正确率/%	漏报率/%
5	5	100	0
10	9	90	10
15	14	93	7
20	18	90	10

表 6-3　正常用户误报率

普通用户	识别为异常行为的用户数	正确率/%	误报率/%
10	0	100	0
20	1	95	5
30	1	96.6	3.4
40	2	95	5

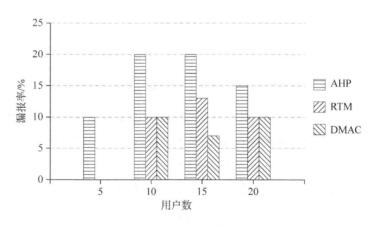

图 6-4　漏报率比较结果

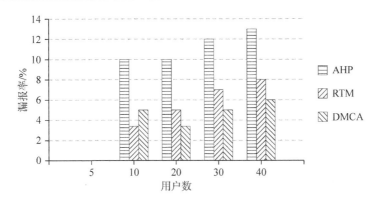

图 6-5　误报率比较结果

6.6　本章小结

本章从动态角度对用户行为信任评估提出用户行为信任动态多维度量算法，首先，对用户的行为数据建立层次模型，它可以反映用户总体信任度与行为数据间的逻辑关系，其次，在评估过程中加入对用户行为证据的分析，通过集值统计度量算法计算用户行为预测值，最后，在计算过程中，考虑到用户行为过程的证据，改变了以往对行为结果进行评判的方法，将证据值由"单点"扩大为"值域"，反映了行为证据的长期情况，使评估结果不会随着用户某一时刻证据值的变化而产生误差，充分体现数据的意义。仿真实验结果表明，算法提高了用户行为预测的准确性，降低了异常用户的漏报率及正常用户的误报率。

第 7 章 总结与展望

7.1 总 结

WBANs 中传输的医疗数据需要满足高安全要求。访问控制是保障安全的一种重要方法，加密是实现访问控制的有效手段。由于 WBANs 资源受限，当用户在 WBANs 内部访问数据时，基于属性的加密采用"一对多"的加密方法，适合细粒度的访问控制，然而，用户撤销和能耗是其中不可避免的问题。当医疗数据存储于外包环境时，为了避免外包服务器对数据的完全控制，可以将访问树分为两部分，分别由外包服务器和本地管理。提前发现可疑用户可以起到对系统的保障作用，采用集值统计度量方法评判用户行为信任值，对于信任值低于要求的用户，拒绝其访问。本书对以上问题进行研究，主要研究成果包括以下四个方面。

（1）对 WBANs 资源受限环境下的访问控制进行研究，提出一种支持用户撤销的 KP-ABE 方案。首先，丰富了访问树的类型，细化了访问数据的用户；其次，拓展 KP-ABE 方案，加入用户撤销机制，实现从属性级上撤销用户；最后，方案的理论分析及原型验证结果表明，方案节省了存储空间，降低了能耗，并对合谋攻击及选择密文攻击有良好的抵御功能，提高了加密解密的效率。

（2）对 WBANs 数据存储到外包环境下的用户访问权限和安全存储的问题进行研究，提出支持安全外包的医疗数据 ABE 方案。首先，对医疗数据分类；其次，将医疗数据访问树分为不同部分，分别由外包服务及本地管理，既利用外包服务器强大的存储及计算资源，又避免外包服务器对数据的完全控制；再次，拓展 CP-ABE 方案，对分类的数据分别加密；最后，方案的理论分析和原型验证结果表明该方案保证了用户访问的机密性，能够抵抗合谋攻击和选择密文攻击，与现有方案相比，不仅在存储和计算性能方面具有优势，而且提高了加密解密的效率。

（3）对存储在云端的加密数据检索，针对现有的可检索加密方案用户撤销需要更新整个密文、计算任务繁重的问题，提出一种分层的加密检索模型。首先，访问树被划分为不同部分，密文索引用不同部分加密，当用户满足访问树不同部分时，可以解密用这部分加密的索引，而无须解密整个访问树，提高了解密效率。

（4）对用户行为信任问题进行研究，提出一种用户行为动态多维度量算法。首先，建立了用户行为层次模型，反映用户行为信任度与行为数据间的逻辑关系；其次，采用集值统计度量算法评判用户行为信任值并根据信任级别判定可疑用户；最后，仿真实验结果表明，算法提高了用户行为预测的准确性，降低了异常用户的漏报率及正常用户的误报率。

7.2　研究展望

WBANs 的访问控制是信息安全领域的一个研究热点，并已取得了丰硕的成果。本书的工作仅是对前人研究成果在一定程度上的丰富和扩展。在本书研究工作的基础上，后续可以开展的工作如下。

1）外包环境下加密数据的检索

数据外包服务为医疗数据的存储提供了平台，当用户需要检索这些数据时，外包服务器需要提供安全的数据检索操作，检索加密是将加密数据视为文件并允许用户通过关键词检索的有效技术。现有的技术存在花费代价高而效率低下的问题，如何在保证对加密数据安全检索的同时提高效率是面临的挑战。

2）基于角色的访问控制与行为信任结合

传统的基于安全防护或角色管理的安全访问控制方法已得到了深入的研究。但是，用户具有不同的、动态变化的安全管理域和安全边界，并且外包服务供应商无法监控用户实体与安全相关的所有细节。基于用户行为信任的动态角色访问控制机制是在基于角色的访问控制中引入行为信任等属性，适应网络中用户数量大及动态性的特点，克服了基于角色访问控制模型的静态性，增加了动态授权，并可以缓解角色扩散问题。

3）对 WBANs 传输数据的动态监控

访问 WBANs 传输的医疗数据的人员需要严格授权。本书提出在用户访问前提前发现可疑用户的方法，但是，在访问医疗数据的过程中，如何及时发现恶意用户及恶意用户的评判标准需要再深入研究，为达到动态监测的效果并及时撤销恶意用户提供必要保障。

4）推荐系统研究

随着互联网和物联网的发展和移动端智能设备的不断普及，人们对互联网的需求日益增强，人类进入了大数据时代。搜索引擎的出现满足了用户需要从大量的数据中筛选出有效信息的需求，但数据资源呈爆炸式增长，简单的搜索远远不能应对用户对数据的需求，检索结果往往包含大量无用信息，不能提供个性化检索结果。对数据产生者来说，如何让自己的信息脱颖而出，引起广大用户的关注，推荐系统是解决这一问题的重要工具；对用户来说，如何从海量数据中选择满足用户的个性化需求已经成为推荐领域内迫切需要解决的问题。推荐系统可以将用户和信息联系起来，在帮助用户检索其感兴趣的信息的同时，也将企业信息展现在用户面前，即推荐系统为用户推荐潜在感兴趣的信息的同时也为信息的推广寻求可能感兴趣的用户。推荐系统可以应用于各个领域，包括应用电子商务、电影、视频、音乐、社交网络、个性化阅读、个性化邮件、基于位置的服等。为了实现推荐功能，推荐系统需要根据已有用户对资源的评价来预测潜在用户对资源的偏好。协同过滤推荐方法出现较早并且应用广泛，是推荐系统中最重要的推荐方法之一，该算法一直是推荐算法研究的热点，并在推荐领域取得巨大成功。协同过滤算法可以不被物品具体的性质和内容约束，无法用文字化方法描述的图片、视频、音频等均可以被有效推荐。

现有推荐系统的技术包括基于内容（content-based）的推荐技术、协同过滤（collaborative filtering）推荐技术和混合推荐（hybrid recommendation）技术。基于内容的推荐主要利用文本内容上的相似性来推荐信息；协同过滤推荐通常利用不同类别的用户和物品之间的关系来做出匹配；混合推荐的方法通过结合多种单一算法，采用更多维度的数据类型和特征来获得更优的推荐。其中，协同过滤是推荐系统中应用最为成功的技术之一，其基本思想是通过分析兴趣相似用户的评价值来预测目标用户对指定项目的喜好程度，能有效地利用其他兴趣相似用户的评价信息，加快个性化推荐的效率，同时，也有利于发现用户的隐藏兴趣。为了实现推荐功能，推荐系统需要根据已有用户对资源的评价，来预测目标用户对潜在资源的偏好。例如，可以采用协同过滤推荐算法来预测用户行为。在皮尔逊相关系数中加入用户选择相似度和用户评分相似度为邻居用户选取的两个因素，可更好地提高邻居选取的质量，进而提高推荐精度。

参考文献

[1]Zhang Y H, Deng R H, Xu S M, et al. Attribute-based Encryption for Cloud Computing Access Control: A Survey [J]. ACM Computing Surverys, 2020, 53(4):1-43.

[2]刘建华,郑晓坤,郑东,等.基于属性加密且支持密文检索的安全云存储系统[J].信息网络安全.2019,19(7):50-58.

[3]Min C, Sergio G, Huasong C, et al. Body Area Networks: A Survey [J]. Mobile Network Application, 2011, 16(2):171-193.

[4]Context awareness in WBANs: A Survey on Medical and Non-medical Applications [J]. IEEE Wireless Communications, 2013, 20, (4):30-37.

[5]Reliability and Energy Efficiency Enhancement for Emergency-aware Wireless Body Area Networks (WBANs)[J]. IEEE Transactions on Green Communications and Networking, 2018, 2(3):804-816.

[6]Devi L, Nithya R. Wireless Body Area Sensor System for Monitoring Physical Activities Using GUI[J]. International Journal of Computer Science and Mobile Computing, 2014, 3(1):569-577.

[7]Shantala D, Vijaya K. Secure Health Monitoring in Wireless Sensor Networks with Mobility-Supporting Adaptive Authentication Scheme[J]. International Journal of Computer Networking, Wireless and Mobile Communications, 2014, 4(1):27-34.

[8]Pardeep K, Hoon L. Security Issues in Healthcare Applications Using Wireless Medical Sensor Netoworks: A Survey [J]. Sensors, 2012, 12(1):55-91.

[9] Li M, Lou W J. Data Security and Privacy in Wireless Body Area Networks [J]. IEEE Wireless Communications, 2010, 17(1): 51−58.

[10] Ameen M, Liu J, Kwak K. Security and Privacy Issues in Wireless Sensor Networks for Healthcare Applications [J]. Journal of Medical Systems, 2012, 36(1): 93−101.

[11] 岑露, 电子健康档案隐私保护研究 [D]. 武汉: 湖北大学, 2018.

[12] 何延哲, 付嵘. 275 位艾滋病感染者个人信息泄露事件再次警示: 安全是健康医疗大数据的核心基础 [J]. 中国经济周刊, 2016(30): 79−81.

[13] 赵蓉. 医疗大数据中个人隐私的保护 [D]. 上海: 上海交通大学, 2016.

[14] 马玉洁. 个人健康信息保护和利用制度研究 [D]. 济南: 山东大学, 2017.

[15] Sukanya M, Kanchi V S, Gowri G, et al. Trustworthy Access Control for wireless Body Area Networks [C]//International Conference on Information, Communication&Embedded Systems, Chennai, India, 2017: 1−5.

[16] Dam K V, Pitchers S, Barnard M. Body Area Networks: towards A Wearable Future [C]//Proceedings of WWRF Kick off Meeting. Munich, Germany, 2001: 6−7.

[17] Sang D K, Ju S L, Yeong S J. Intra−Body Communication for Personal Area Network [C]//Advanced Technologies, Embedded and Multimedia for Human−centric Computing. Springer, 2013: 335−339.

[18] Liu X L, Zhu Y S, Ge Y, et al. A Secure Medical Information Management System for Wireless Body Area Networks [J]. KSII Transactions on Internet and Information Systems, 2016, 10(1): 221−237.

[19] Benoit L, Bart B, Ingrid M, et al. A Survey on Wireless Body Area Networks [J]. Wireless Networks, 2011, 17(1): 1−18.

[20] Revadigar G, Javali C, Xu W T. Accelerometer and Fuzzy Vault−Based Secure Group Key Generation and Sharing Protocol for Smart Wearables [J]. IEEE Transactions on Information Forensics and Security, 2017, 12(10): 2467−2482.

[21] Zheng G L, Fang G F, Orgun M A, et al. A Comparison of Key Distribution Schemes Using Fuzzy Commitment and Fuzzy Vault within Wireless Body Area Networks[C]//IEEE 26th Annual International Symposium on Personal Indoor and Mobile Radio Communications, IEEE, 2015:2120-2125.

[22] Oberoi D, Sou W Y, Lui Y Y, et al. Wearable Security:Key Derivation for Body Area Sensor Networks Based on Host Movement[C]//IEEE 25th International Symposium on Industrial Electronics, IEEE, 2016: 1116-1121.

[23] 王于丁, 杨家海, 徐聪, 等. 云计算访问控制技术研究综述[J]. 软件学报, 2015, 26(5):1129-1150.

[24] Barua M, Liang X, Lu R, et al. ESPAC:Enabling security and Patient-centric Access Control for eHealth in cloud computing[J]. International Journal of Security and Networks, 2011, 6(2/3):67-76.

[25] Yang K, Jia X H, Ren K, et al. DAC-MACS:Effective Data Access Control for Multiauthority Cloud Storage Systems[J]. IEEE Transactions on Information Forensics and Security, 2013, 8(11):1790-1810.

[26] 史昕岭. 社交网络信息共享中的隐私保护策略与访问控制规则研究 [D]. 合肥:合肥工业大学, 2015.

[27] 房梁, 殷丽华, 郭云川, 等. 基于属性的访问控制关键技术研究综述 [J]. 计算机学报, 2017, 40(7):1680-1698.

[28] Bertino E, Bonatti P A, Ferrari E. TRBAC:A Temporal Role-based Access Control Model. [J] ACM Transactions on Information and System Security, 2001, 4(3):191-233.

[29] Park J, Sandhu R. Towards usage control models:Beyond tranditional access control//Proceedings of the 7th ACM Symposium on Access Control Models and Technologies, Monterey, USA, 2002:57-64.

[30] 王于丁, 杨家海, 徐聪, 等. 云计算访问控制技术研究综述[J]. 软件学报, 2015, 26(5):1129-1150.

[31] Sahai A, Waters B. Fuzzy Identity-Based Encryption[C]//24th Annual

International Conference on the Theory and Applications of Cryptographic Techniques. Springer,2005:457−473.

[32] Boneh D,Franklin M. Identity−based Encryption from the Weil Pairing [J]. SIAM Journal on Computing,2003,32(3):586−615.

[33] Goyal V,Pandey O,Sahai A,et al. Attribute−Based Encryption for Fine−Grained Access Control of Encrypted Data[C]//Proceedings of the 13th ACM Conference on Computer and Communications Security. ACM,2006: 89−98.

[34] Ostrovsky R,Sahai A,Waters B. Attribute−based Encryption with Non−monotonic Access Structures[C]//Proceedings of the 13th ACM Conference on Computer and Communications Security. ACM,2007:195−203.

[35] Yu S C,Ren K,Lou W J. FDAC:Toward Fine−Grained Distributed Data Access Control in Wireless Sensor Networks[J]. IEEE Transactions on Parallel and Distributed Systems,2011,22(4):673−686.

[36] Han J G,Mu Y,Yan J. Privacy−preserving Decentralized Key−Policy Attribute−based encryption[J]. IEEE Transactions on Parallel and Distributed Systems,2012,23(11):2150−2162.

[37] Hu C Q,Zhang N,Li H J,et al. Body Area Network Security:A Fuzzy Attribute−Based SigncryptionScheme[J]. IEEE Journal on Selected Areas in Communications Supplement,2013,31(9):37−45.

[38] Rahulamathavan Y,Veluru S,Han J,et al. User Collusion Avoidance Scheme for Privacy−preserving Decentralized Key−policy Attribute−based Encryption[J]. IEEE Transactions on Computers,2016,65(9): 2939−2946.

[39] Zhu H J,Wang L C,Ahmad H. Key−Policy Attribute−Based Encryption with Equality Test in Cloud Computing[J]. IEEE Access, 2017, 5: 20428−20439.

[40] Bethencourt J,Sahai A,Waters B. Ciphertext−policy Attribute−based Encryption[C]//IEEE Symposium on Security and Privacy,2007:321−334.

[41] Cheung L, Newport. C. Provably Scure Ciphertext Policy ABE[C]//Proceedings of the 14th ACM Conference on Computer and Communications Security. ACM, 2007:456-465.

[42] Melissa C. Multi-authority Attribute Based Encryption[C]//Theory of Cryptography Conference. Springer, 2007:515-534.

[43] Nishide T, Yoneyama K, Ohta K. Attribute-Based Encryption with Partially Hidden Encryptor-Specified Access Structures[C]//International Conference on Applied Cryptography and Network Security. Springer, 2008:111-129.

[44] Li M, Yu S C, Ren K, et al. Securing Personal Health Records in Cloud Computing: Patient-centric and Fine-grained Data Access Control in Multiowner Settings[C]//International Conference on Security and Privacy in Communication Systems. Springer, 2010:89-106.

[45] 郭振洲. 基于属性的加密方案的研究[D]. 大连:大连理工大学, 2012.

[46] Liu Z, Jiang Z L, Wang X, et al. Offline/online Attributebased Encryption with Verifiable Outsourced Decryption[J]. Concurrency and Computation: Practice and Experience, 2017, 29(7):1532-0626.

[47] 苏金树, 曹丹, 王小峰. 属性加密机制[J]. 软件学报, 2011, 22(6):1299-1315.

[48] 王鹏翩, 冯登国, 张立武. 一种支持完全细粒度属性撤销的 CP-ABE 方案[J]. 软件学报, 2012, 23(10):2805-2816.

[49] 赵志远, 朱智强, 王建华, 等. 云存储环境下无密钥托管可撤销属性基加密方案研究[J]. 电子与信息学报, 2018, 40(1):1-10.

[50] 彭黎. 可撤销的属性基加密体制的应用研究[D]. 成都:电子科技大学, 2019.

[51] 祝烈煌, 高峰, 沈蒙, 等. 区块链隐私保护研究综述[J]. 计算机研究与展, 2017, 54(10):2170-2186.

[52] 田有亮, 杨柯迪, 王缵, 等. 基于属性加密的区块链数据溯源算法

[J]. 通信学报,2019,40(11):101-111.

[53]王秀利,江晓舟,李洋,等. 应用区块链的数据访问控制与共享模型 [J]. 软件学报,2019,30(6):1661-1669.

[54]周斯琴. 基于区块链的医疗数据安全共享方案的设计与实现[D]. 武汉:武汉大学,2019.

[55]Gentry C,Silverberg A. Hierarchical ID-based Cryptography[C]//Advances in Cryptology. Springer,2002:548-565.

[56]Wang G J,Liu Q,Wu J,et al. Hierarchical Attribute-based Encryption and Scalable User Revocation for Sharing Data in Cloud Servers[J]. Computers&Security,2011,30(5):320-331.

[57]Wan Z G,Liu J,Deng R. HASBE:A Hierarchical Attribute-based Solution for Flexible and Scalable Access Control in Cloud Computing[J]. IEEE Transactions on Information Forensics and Security,2012,7(2): 743-754.

[58]Zou X B. A Hierarchical Attribute-based Encryption Scheme[J]. Wuhan University Journal of Natural Sciences,2013,18(3):259-264.

[59]Deng H,Wu W H,Qin B,et al. Ciphertext-policy Hierarchical Attribute-based Encryption with Short Ciphertexts[J]. Information Sciences,2014, 275(10):370-384.

[60]Alshaimaa A,Nagwa L,Tolba M. Hierarchical Attriubte-Role Based Access Control for Cloud Computing[C]//The 1st International Conference on Advanced Intelligent System and Informatics. Springer,2015:381-389.

[61]Wang S L,Zhou J W,Liu J,et al. An Efficient File Hierarchy Attribute-based Encryption Scheme in Cloud Computing[J]. IEEE Transactions on Information Froensics and Security,2016,11(6):1265-1277.

[62]Wei J H,Chen X F,Huang X Y,et al. RS-HABE:Revocable-storage and Hierarchical Attribute-based Access Scheme for Secure Sharing of e-Health Records in Public Cloud[J]. IEEE Transactions on Dependable and Secure Computing . doi:10. 1109/TDSC. 2019. 2947920.

［63］Liu C W,Hsien F,Yang C C,et al. A Survey of Attribute-based Access Control with User Revocation in Cloud Data Storage［J］. International Journal of Network Security,2016,18(5):900-916.

［64］Yu S C,Ren K,Lou W J. Attriubte-Based On-Demand Multicast Group Setup with Membership Anonymity［J］. Computer Networks,2010,54(3):377-386.

［65］Pirretti M,TRaynor P,Mcdaniel P,et. al. Secure Attribute-Based Systems［J］. Journal of Computer Security,2020,18(5):799-837.

［66］Boldyreva A,Goyal V,Kumar V. Identity-based Encryption with Efficient revocation［C］//Proceedings of the 15th ACM Conference on Computer and Communications Security,ACM,2008:417-426.

［67］Naor D,Naor M,Lotspieth J. Revocation and Tracing Schemes for Stateless Receivers［C］//Proceedings of the 21ˢᵗ Annual International Cryptology Conference on Adances in Cryptology,2001:41-62.

［68］Zarandioon S,Yao D F,Ganapathy V. K2C:Cryptographic Cloud Storage with Lazy Revocation and Anonymous Access［C］//International Conference on Security and Privacy in Communication Systems,Springer,2011:50-76.

［69］Hur J,Noh D K. Attribute-based Access Control with Efficient Revocation in Data Outsourcing Systems［J］. IEEE Transactions on Parallel and Distributed Systems,2011,22(7):1214-1221.

［70］齐芳,李艳梅,汤哲. 可撤销和可追踪的密钥策略基于属性加密方案［J］. 通信学报,2018,39(11):63-69.

［71］Yu S,Wang C,Ren K,et al. Attribute Based Data Sharing with Attribute revocation［C］//Proceedings of the 5th ACM Symposium on Information,Computer and Communications Security,2010:261-270.

［72］Slashdot M. Key-Policy Attribute-Based Encryption［DB/OL］. https://sourceforge. net/projects/kpabe.

［73］Caro A D,Iovino V. JPBC:Java Pairing Based Cryptography［C］//IEEE

Symposium on Computers and Communications, 2011:850-855.

[74] Lichman, M. UCI Machine Learning Repository[EB/OL]. 2013. http://archive. ics. uci. edu/ml].

[75] Carman D W, Kruus P S, Matt B J. Constraints and Approaches for Distributed Sensor Network Security. NAI Labs Technical Report #00-010, Glenwood, MD, 2000.

[76] Barreto P, Kim H, Bynn B, et al. Efficient Algorithms for Pairing-based Cryptosystem[C]//Proceedings of 22nd Annual International Cryptology Conference, 2002:354-368.

[77] Wander A, Gura N, Eberle H, Gupta V, et al. Energy Analysis of Public-key Cryptography for Wireless Sensor Networks[C]//Proceedings of Third IEEE International Conference on Pervasive Computing and Communications, 2005:324-328.

[78] Intel Corp. Intel PXA255 Processor Electrical, Mechanical, and Thermal Specification. [Online]. http://www. intel. com/design/pca/applicationsprocessors/manuals/278780. htm

[79] Bertoni G, Chen L, Fragneto P, et al. Computing Tate Pairing on Smartcards, STMicroelectroni-cs, 2005. [online]. http://www. st. com/stonline/products/families/smartcard/astibe. htm.

[80] Chung P S, Liu C W, Hwang M S. A study of Attribute-based Proxy Re-encryption Scheme in Cloud Environments[J]. International Journal of Network Security, 2014, 16(1):1-13.

[81] Yu S C, Lou W J, Ren K. Handbook on Securing Cyber-physical Critical Infrastructure: Foundations and Challenges[M]. Elsevier, 2012.

[82] Zhou L, Varadharajan V, Hitchens M. Trust Enhanced Cryptographic Role-Based Access Control for Secure Cloud Data Storage[J]. IEEE Transactions on Information Forensics and Security, 2015, 10(11): 2381-2394.

[83] Tang P C, Ash J S, Bates D W. Personal Health Records: Definitions, Ben-

efits,and Strategies for Overcoming Barriers to Adoption[J]. Journal of the American Medical Informatics Association,2016,13(2):121-126.

[84]Cheng Y,Wang Z Y. Efficient Revocation in Ciphertext-policy Attribute - based Encryption Based Cryptographic Cloud Storage [J]. Compute&Electroin,2013,14(2):85-97.

[85]Jiang S C,Guo W B,Fan G S. Hierarchy Attribute-based Encryption Scheme to Support Direct Revocation in Cloud Storage[C]//IEEE/ACIS 16th International Conference on Computer and Information Science, IEEE,2017:869-874.

[86]Lee C C,Chung P S,Hwang M S. A Survey on Attribute-based Encryption Schemes of Access Control in Cloud Environments[J]. International Journal of Network Security,2013,15(4):231-240.

[87]Ibraimi L,Asim M,Petkovic M. Secure Management of Personal Health Records by Applying Attribute-based Encryption[C]//Proceedings of the 6th International Workshop on Wearable,Micro,and Nano Technologies for Personalized Health. 2009:71-74.

[88]Yu S C,Wang C,Ren K,et al. Achieving Secure,Scalable,and Fine-grained Data Access Control in Cloud Computing[C]//INFOCOM'10 Proceedings of the 29th Conference on Information Communications, 2010:534-542.

[89]Zhou Z B. On Efficient and Scalable Attribute Based Security Systems [D]. Arizona State University,2011.

[90]Ruj S,Nayak A,Stojmenovic I. DACC:Distributed Access Control in Clouds[C]//IEEE 10th International Conference on Trust,Security and Privacy in Computing and Communications. IEEE,2011:91-98.

[91]Li M,Yu S C,Yao Z,et al. Scalable and Secure Sharing of Personal Health Records in Cloud Computing Using Attribute-based Encryption [J]. IEEE Transaction on Parallel and Distributed Systems,2013,24 (1):131-143.

［92］Li J,Huang X Y,Li J W,et al. Secure Outsourcing Attribute-based En-
cryption with Checkability［J］. IEEE Transactions on Parallel and Dis-
tributed Systems,2014,25(8):2201-2210.

［93］Liang K T,Au M H,Liu J K. A Secure and Efficient Ciphertext-Policy
Attribute-Based Proxy Re-Encryption for Cloud Data Sharing［J］. Fu-
ture Generation Computer Systems,2015,52(11):95-108.

［94］Jung H,Li X Y,WAN Z G,et al. Control Cloud Data Access Privilege
and Anonymity with Fully Anonymous Attribute Based Encryption［J］.
IEEE Transactions on Information Forensics and PSecurity, 2015, 10
(1):190-199.

［95］Mao X P,Lai J Z,Mei Q X,et al. Generic and Efficient Constructions of
Attribute-Based Encryption with Verifiable Outsourced Decryption［J］.
IEEE Transactions on Dependable and Secure Computing,2016,13(5):
533-546.

［96］Zhang R,Ma H,Lu Y. Fine-grained Access Control System Based on
Fully Outsourced Attribute-based Encryption［J］. Journal of Systems
and Software,2017,125(C):344-353.

［97］孙国梓,董宇,李云.基于 CP-ABE 算法的云存储数据访问控制［J］.
通信学报,2011,32(7):146-152.

［98］洪澄,张敏,冯登国.面向云存储的高效动态密文访问控制方法［J］.
通信学报,2011,32(7):125-132.

［99］李琦,马建峰,熊金波,等.云中基于常数级密文属性加密的访问控
制机制［J］.吉林大学学报（工学版）,2014,44(3):788-794.

［100］关志涛,杨亭亭,徐茹枝,等.面向云存储的基于属性加密的多授权
中心访问控制方案［J］.通信学报,2015,36(6):1-11.

［101］王光波,王建华.基于属性加密的云存储方案研究［J］.电子与信息
学报,2016,38(11):2931-2939.

［102］刘琴,刘旭辉,胡析霜,等.个人健康记录云管理系统中支持用户撤销
的细粒度访问控制［J］.电子与信息学报,2017,39(5):1206-1212.

[103]赵志远,王建华,徐开勇,等.面向云存储的支持完全外包基于属性加密方案[J].计算机研究与发展,2019,56(2):442-452.

[104]杨贺昆,冯朝胜,晋云霞,等.支持可验证加解密外包的 CP-ABE 方案[J].电子学报,2020,48(8):1545-1551.

[105] Petritsch H. Break-Glass: Handing Exceptional Situations in Access Control[M]. Springer Vieweg,2014:10-11.

[106] Brucker A D,Petritsch H,Weber S G. Attribute-based Encryption with Break-glass[C]//WISTP'10 Proceedings of the 4th IFIP WG 11. 2 International Conference on Information Security Theory and Practices: Security and Privacy of Pervasive Systems and Smart Devices. Springer,2010:237-244.

[107] Aljumah F,Leung R,Pourzandi M,et al. Emergency Mobile Access to Personal Health Records Stored on an Untrusted Cloud[C]//International Conference on Health Information Science,2013:30-41.

[108] Wang J W. Ciphertext-Policy Attribute-Based Encryption[DB/OL]. http://junwei. co/cpabe/.

[109] Chenthara S,Ahmed K,Wang H,et al. Security and Privacy-preserving Challenges of E-Health Solutions in Cloud Computing[J]. IEEE Access,2019,7 :74361-74382.

[110] Rafael D,Antonis M,Matthias N. A Survey on Design and Implementation of Protected Searchable Data in the Cloud[J]. Computer Science Review,2017,26(8):17-30.

[111] Rohit H,C. Rama K,Naveen A. Searchable encryption:A Survey on Privacy-preserving Search Schemes on Encrypted Outsourced data [J]. Concurrency,Concurrency and Computation Practice and Experience,2019,31(9):1-49.

[112] Song D X,Wagner D,Perrig A. Practical Techniques for Searches on Encrypted Data[C]//in SP'00,2000,44-55.

[113] Moataz T,Shikfa A,Cuppens-Boulahia N,et al. Semantic search over en-

crypted data[C]//20th International Conference on Telecommunications, 2013:1-5.

[114]Sun X,Zhu Y,Xia Z,et al. Privacy-preserving keyword-based semantic search over encrypted cloud data[J]. International journal of Security and its Applications,20114,8(3):9-20.

[115]Saleem M,Warsi M,Khan N,et al. Secure metadata based search over encrypted cloud data supporting similarity ranking[J]. International Journal of Computer Science and Information Security,2017,15(3): 353-361.

[116] Papageorgiou A, Strigkos M, Politou E, et al. Security and Privacy Analysis of Mobile Health Applications:The Alarming State of Practice [J]. IEEE Access, 2018, 6: 9390 - 9403. doi:/0. 1109/ACCESS. 2018. 2799522. .

[117]Zhang R,Xue R,Liu L. Searchable Encryption for Healthcare Clouds: A Survey[J]. IEEE Transactions on Services Computing, 2018, 11 (6):978-996.

[118]Shao J,Cao Z F,Liang X H,et al. Proxy Re-encryption with Keyword Search. Information Sciences[J]. 2010,180(13):2576-2587.

[119]Xu P,Jin H,Wu Q H,et. al. Public-Key Encryption with Fuzzy Keyword Search:A Provably Secure Scheme under Keyword Guessing Attack[J]. IEEE Transactions on Computers,2013,62(11):2266-2277.

[120]Khader,D:Introduction to attribute based searchable encryption[C]// 15TH IFIP TC 5/IC 11 International Conference. 2014:131-135.

[121]Zheng Q,Xu S,Ateniese G. VABKS:Verifiable Attribute-based Keyword Search over Outsourced Encrypted Data[C]//IEEE Conference on Computer Communications. 2014:522-530.

[122]Liu Z,Weng J,Li J,et al. Cloud-based Electronic Health Record System Supporting Fuzzy Keyword Search[J]. Soft Computing,2015:1-13.

[123]Sun W,Yu S,Lou W,et al. Protecting Your Right:Verifiable Attribute-

based Keyword Search With Fine-grained Owner-enforced Search Authorization in the Cloud[J]. IEEE Transactions on Parallel and Distributed Systems,2016,27(4):1187-1198.

[124] Liang X,Cao Z,Lin H,et al. Attribute Based Proxy Re-encryption with Delegating Capabilities[C]//proceedings of the 4th International Symposium on Information,Computer,and Communications Security. 2009: 276-286.

[125] Rhee H,Lee D. Keyword Updatable PEKS[C]//International Workshop on Information Security Applications. 2015:96-109.

[126] Wang H J,Dong X L,Cao Z F. Multi-Value-Independent Ciphertext-Policy Attribute Based Encryption with Fast Keyword Search[J]. IEEE Transactions on Services Computing,2020,13(6):1142-1151.

[127] Miao Y B,Deng R H,Liu X M,et al. Multi-authority Attribute-Based Keyword Search over Encrypted Cloud Data[J]. IEEE Transactions on Dependable and Secure Computing. 2019(8):1-14

[128] Chi TY,Qin BD,Zheng D. An Efficient Searchable Public-Key Authenticated Encryption for Cloud-Assisted Medical Internet of Things [J]. Wireless Communications and Mobile Computing,2020,1-11.

[129] Cao M,Wang L,Qin Z,et al. A Lightweight Fine-Grained Search Scheme over Encrypted Data in Cloud-Assisted Wireless Body Area Networks[J]. Wireless Communications and Mobile Computing,2019, 1:1-12.

[130] Malluhi QM,Shikfa A,Trinh VC. A Ciphertext-Policy Attribute-based Encryption Scheme With Optimized Ciphertext Size And Fast Decryption[C]//Proceedings of the 2017 ACM Asia Conference on Computer and Communications Security. 2017:230-240.

[131] 冯朝胜,罗王平,秦志光,等. 支持多种特性的基于属性代理重加密方案[J]. 通信学报,2019,40(6):177-189.

[132] Li M,Yu S,Cao N,et al. Authorized Private Keyword Search over En-

crypted Data in Cloud Computing [C]//International Conference on Distributed Computing Systems. 2011:383-392.

[133]Qian H,Li J,Zhang Y,et al. Privacy-preserving Personal Health Record Using Multi-authority Attribute-based Encryption with Revocation [J]. International Journal of Information Security. 2014,14(6):1-11.

[134]Dongyoung K,Junbeom H,Hyunsoo Y. Secure and Efficient Data Retrieval over Encrypted Data Using Attribute-based Encryption in Cloud Storage[J]. Computers and Electrical Engineering,2013. 39(1),34-46.

[135]Wang S L,Zhou J W,Liu J K,et al. An Efficient File Hierarchy Attribute-based Encryption Scheme in Cloud Computing[J]. IEEE Transactions on Information Forensics and Security,2016,11(6),1265-1277.

[136]赵娟,郭平,邓宏钟,等.用户行为统计特性对通信网络性能可靠性的影响[J].通信学报,2013,34(1):43-50.

[137]陈亚睿.云计算环境下用户行为认证与安全控制研究[D].北京:北京科技大学,2011.

[138]Lin G Y,Wang D R,Bie Y Y,et al. MTBAC:A Mutual Trust Based Access Control Model in Cloud Computing[J]. China Communications,2014,11(4):154-162.

[139]Hosseini S B,Shojaee A,Agheli N. A New Method for Evaluating Cloud Computing User Behavior Trust[C]//Proceedings of the 7th Information and Knowledge Technology,2015:1-6.

[140]Ma J,Zhang Y S. Research on Trusted Evaluation Method of User Behavior Based on AHP Algorithm[C]//7th International Conference on Information Technology in Medicine and AEducation,2015:588-592.

[141]Jung T,Li X Y,Wan Z G,et al. Control Cloud Data Access Privilege and Anonymity with Fully Anonymous Attribute Based Encryption[J]. IEEE Transactions on Information Forensics and Security, 2015, 10(1):190-199.

[142]Li W,Xue K P,Xue Y J,et al. TMACS:A Robust and Verifiable

Threshold Multi－Authority Access Control System in Public Cloud Storage[J]. IEEE Transactions on parallel and distributed systems, 2016,27(5):1484-1496.

[143] Yang R L, Yu X J. Research on Building the Credibility Evaluation's Indicator System of Cloud End User's Behavior[C]∥IEEE 3rd International Conference on Big Data Security on Cloud. IEEE,2017:43-47.

[144] 田立勤,林闯.基于双滑动窗口的用户行为信任评估机制[J].清华大学学报,2010,50(5):763-767.

[145] 陆悠,罗军舟,李伟,等.面向网络状态的自适应用户行为评估方法[J].通信学报,2013,34(7):77-80.

[146] 谭跃生,王超.云计算环境下基于用户行为信任评价研究[J].微电子学与计算机,2015,32(11):147-151.

[147] 田立勤,李群建,毋泽南.权重均衡优化的 WEB 用户行为的信任评估[J].北京邮电大学学报,2016,39(6):99-103.

[148] 林闯,田立勤,王元卓.可信网络中用户行为可信的研究[J].计算机研究与发展,2008,45(12):2033-2043.

[149] AkogluL,Faloutsos C. Event Detection in Time Series of Mobile Communication Graphs[C]∥Army Science Conference. 2010:77-79.

[150] 李小勇,桂小林.大规模分布式环境下动态信任模型研究[J].软件学报,2007,18(6):1510-1521.

[151] 杨善林,丁帅,褚伟.一种基于效用和证据理论的可信软件评估方法[J].计算机研究与发展,2009,46(7):1152-1159.

[152] 汪培庄.模糊集与模糊集落影[M].北京:北京师范大学出版社,1985.

[153] Kim H,Claffy K,Fomenkov M,et al. Internet Traffic Classification Demystified:Myths, Caveats, and the Best Practices[C]∥Proc of ACM CoNEXT'08,New York,USA,2008. 1-12.

[154] 李小勇,桂小林,毛倩,等.基于行为监控的自适应动态信任度测量模型[J].计算机学报,2009,32(4):664-674.